建筑工程制图与识图

王红革　赵　琪　帅珍珍　主编

哈尔滨工业大学出版社

图书在版编目(CIP)数据

建筑工程制图与识图 / 王红革，赵琪，帅珍珍主编
. — 哈尔滨：哈尔滨工业大学出版社，2021.10
　ISBN 978-7-5603-9759-7

　Ⅰ.①建… Ⅱ.①王… ②赵… ③帅… Ⅲ.①建筑制
图-识图 Ⅳ.①TU204.21

中国版本图书馆 CIP 数据核字(2021)第 211454 号

策划编辑　张凤涛
责任编辑　张凤涛　宗　敏
封面设计　宣是设计
出版发行　哈尔滨工业大学出版社
社　　址　哈尔滨市南岗区复华四道街 10 号　邮编 150006
传　　真　0451 - 86414749
网　　址　http://hitpress.hit.edu.cn
印　　刷　北京荣玉印刷有限公司
开　　本　787mm×1092mm　1/16　印张 12　字数 300 千字
版　　次　2021 年 10 月第 1 版　2021 年 10 月第 1 次印刷
书　　号　ISBN 978-7-5603-9759-7
定　　价　45.00 元

前言

PREFACE

图纸是工程界的语言,建筑工程制图与识图课程的开设就是为了让学生更好地掌握这门语言。"建筑工程制图与识图"是建筑专业的一门理论性、实践性都很强的专业基础课。它不仅理论严谨,而且与工程联系紧密,学生能否学好这门课将直接影响其后续专业课的学习,关系到其将来的就业竞争力及个人发展空间。

本书共10章,内容包括:制图的基本知识,投影的基本知识,点、直线、平面的投影及基本体的三视图,立体的投影,立体表面的交线,轴测图,组合体,剖面图与断面图,桥隧工程图和建筑结构工程图。

编者根据高职高专院校的特点,从培养应用型人才这一目标出发,本着"以应用为目的,以必需、够用为度"的原则编写本书,其主要特点如下。

(1)在内容安排上注重实用性与实践性。所选教学内容的广度和深度以能够满足实践教学和未来学生从事岗位工作的需要为度,同时也包括学生未来可持续发展所必须深化和拓展的知识,如加入了平面整体表达方法等内容。

(2)在图例及文字的处理上力求浅显易懂,简明扼要,直观通俗,图文并茂;内容由浅入深,重点难点突出,符合学生的认知规律,有利于学生学习能力的培养。

(3)自始至终将制图与识图并重,对典型图样提供制图、识图方法与步骤的指导,以逐步提高学生制图与识图的能力,体现本课程实践性强的特点。

(4)在制图技能方面,从手工制图所用的制图工具和用品的使用入手,逐步介绍作图的要领、方法与技巧等,使学生能掌握当代工程技术人员所应具备的基本技能。

本书可作为高职高专、职工大学、函授大学、电视大学土建及各相关专业的教材,也可供相关专业的工程技术人员学习参考。

编 者
2021 年 5 月

目录
CONTENTS

第一章　制图的基本知识

💡 学习目标

1. 了解制图工具、仪器；
2. 掌握基本制图标准；
3. 掌握几何作图、尺寸标注。

第一节　制图工具、仪器

要保证制图的质量和速度，必须养成正确使用制图工具的良好习惯。现将常用制图工具介绍如下。

一、铅笔

制图时，一般画粗实线常用 B 或 2B 铅笔，写字常用 HB 或 H 铅笔，画细实线、虚线、细点划线常用 H 或 2H 铅笔。铅笔的削法如图 1-1 所示，注意画粗、细线的笔尖的区别。

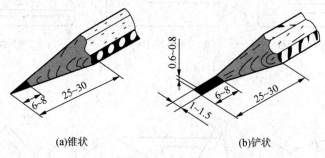

(a)锥状　　　　　　　　(b)铲状

图 1-1　铅笔的削法（单位：mm）

除了上述工具外，制图时还要备有削铅笔的工具、磨铅笔的砂纸、固定图纸的胶带纸、橡皮擦等。有时为了画非圆曲线还要用到曲线板，量取不同的角度要用到量角器，配合橡皮擦擦去多余线条要用到擦图片。如果需要描图，还要用直线笔（俗称鸭嘴笔）或针管笔。

二、分规与圆规

1. 分规

分规用来量取尺寸和等分线段。使用前先并拢两针尖，检查其是否平齐。用分规等分直线段的方法如图 1-2 所示，用同样的方法也可等分圆周和圆弧。

2. 圆规

圆规用来画圆和圆弧，如图 1-3 所示。

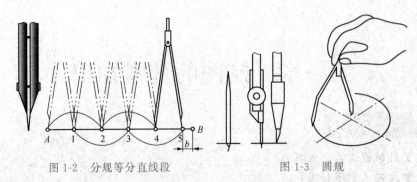

图 1-2　分规等分直线段　　　　　　　图 1-3　圆规

三、丁字尺、三角板、图板

1. 丁字尺

丁字尺主要用于绘制水平线。它是由互相垂直的尺头和尺身组成的，丁字尺画直线如图
1-4（a）所示。

2. 三角板

一副三角板由一块 45° 直角三角板和一块 30° 直角三角板组成。使用方法如图 1-4（b）、
图 1-4（c）及图 1-5 所示。

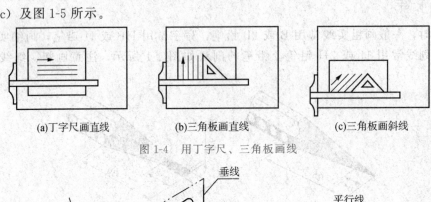

(a)丁字尺画直线　　　　(b)三角板画直线　　　　(c)三角板画斜线

图 1-4　用丁字尺、三角板画线

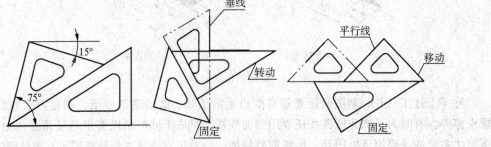

图 1-5　两块三角板配合使用

3. 图板

图板用作制图的垫板。要求其表面平整光滑，左边作为导边，必须平直。

四、比例尺

常用的比例尺是三棱尺，如图 1-6 所示，它有 3 个尺面，刻有 6 种不同比例的尺标。
例如，按比例 1∶100 画图时，图上 1 cm 长度即表示实际长度为 100 cm。

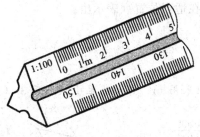

图1-6　三棱尺

第二节　基本制图标准

　　中华人民共和国国家标准（简称国标）中强制标准冠以"GB"，推荐标准冠以"GB/T"。需要注意的是，机械制图类国家标准适用于机械图样，技术制图类国家标准则对工程界的各种专业技术图样普遍适用。

一、坐标

　　(1) 坐标网格应采用细实线绘制，南北方向轴线代号应为 X 轴，东西方向轴线代号应为 Y 轴。坐标网格也可采用十字线代替 [图1-7 (a)]。

　　坐标值的标注应靠近被标注点；书写方向应平行于对应的网格线或在其延长线上。坐标值前应标注坐标轴代号。当无坐标轴代号时，图纸上应绘制指北针标志 [图1-7 (b)]。

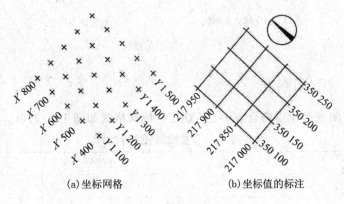

(a)坐标网格　　　　　(b)坐标值的标注

图1-7　坐标网格及标注

　　(2) 当坐标值位数较多时，可将前面相同数字省略，但应在图纸中说明。坐标值也可采用间隔标注。

　　(3) 当需要标注的控制坐标点不多时，宜采用引出线的形式标注。水平线上、下应分别标注 X 轴、Y 轴的代号及数值（图1-8）。当需要标注的控制坐标点较多时，图纸上可仅标注点的代号，坐标值可在适当位置列表示出。

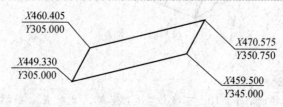

图 1-8 控制坐标点的标注

二、比例

（1）制图的比例，应为图形线性尺寸与相应实物实际尺寸之比。比例大小即为比值大小，如 1：50 大于 1：100。

（2）制图比例的选择，应根据图面布置合理、匀称、美观的原则，按图形大小及图面复杂程度确定。

（3）比例应采用阿拉伯数字表示，宜标注在投影图名的右侧或下方，字高可为投影图名字高的 0.7 倍。

当同一张图纸中的比例完全相同时，如图 1-9（a）所示，可在图标中注明，也可在图纸中适当位置采用标尺标注。当竖直方向与水平方向的比例不同时，可用 V 表示竖直方向比例，用 H 表示水平方向比例，如图 1-9（b）所示。

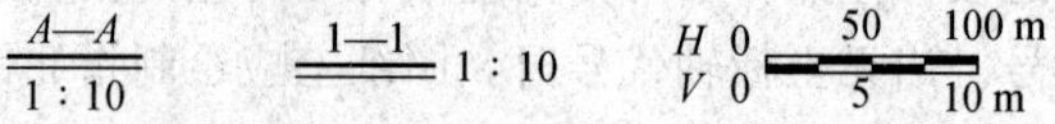

$$\frac{A-A}{1:10} \qquad \frac{1-1}{} \; 1:10 \qquad$$

(a)比例完全相同　　　　　　　(b)比例不同

图 1-9 比例的标注

三、图纸幅面和格式

（1）图幅及图框尺寸应符合表 1-1 的规定，幅面格式如图 1-10 所示。

表 1-1 图幅及图框尺寸

单位：mm

图幅代号	尺寸代号			
	b	a	c	
A0	841×118 9	35	10	
A1	594×841	35	10	
A2	420×594	35	10	
A3	297×420	30	10	
A4	210×297	25	10	

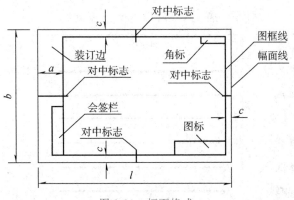

图 1-10　幅面格式

（2）需要缩微后存档或复制的图纸，图框四边均应具有位于图幅长边、短边中点的对中标志（图 1-10），并应在下图框线的外侧，绘制一段长 100 mm 的标尺，其分格为 10 mm。对中标志宜采用线宽大于或等于 0.5 mm 的实线绘制，标尺线宜采用线宽为 0.25 mm 的实线绘制（图 1-11）。

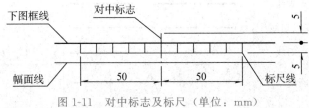

图 1-11　对中标志及标尺（单位：mm）

（3）图幅的短边不得加长。长边加长的长度，图幅 A0、A2、A4 应为 150 mm 的整倍数；图幅 A1、A3 应为 210 mm 的整倍数。

四、图线

（1）图线的宽度（b）应从 2.0 mm、1.4 mm、1.0 mm、0.7 mm、0.5 mm、0.35 mm、0.25 mm、0.18 mm、0.13 mm 中选取。

（2）每张图上的图线线宽不宜超过 3 种。基本线宽（b）应根据图样比例和复杂程度确定。线宽组合宜符合表 1-2 的规定。

表 1-2　线宽组合

单位：mm

线宽类别	线宽系列				
b	1.4	1.0	0.7	0.5	0.35
$0.5b$	0.7	0.5	0.35	0.25	0.25
$0.25b$	0.35	0.25	0.18（0.2）	0.13（0.15）	0.13（0.15）

注：表中括号内的数字为代用的线宽。

（3）图纸中常用线型及线宽应符合表 1-3 的规定。

表 1-3　常用线型及线宽

名称	线型	线宽
加粗粗实线		$1.4b \sim 2.0b$
粗实线		b
中粗实线		$0.5b$
细实线		$0.25b$
粗虚线		b
中粗虚线		$0.5b$
细虚线		$0.25b$
粗点划线		b
中粗点划线		$0.5b$
细点划线		$0.25b$
粗双点划线		b
中粗双点划线		$0.5b$
细双点划线		$0.25b$
折断线		$0.25b$
波浪线		$0.25b$

（4）虚线、长虚线、点划线、双点划线和折断线应按图 1-12 绘制。

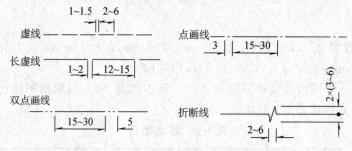

图 1-12　图线的画法（单位：mm）

（5）相交图线的绘制应符合下列规定。

①当虚线与虚线或虚线与实线相交时，不应留空隙 ［图 1-13（a）］。

②当实线的延长线为虚线时，应留空隙 ［图 1-13（b）］。

③当点划线与点划线或点划线与其他图线相交时，交点应设在线段处 ［图 1-13（c）］。

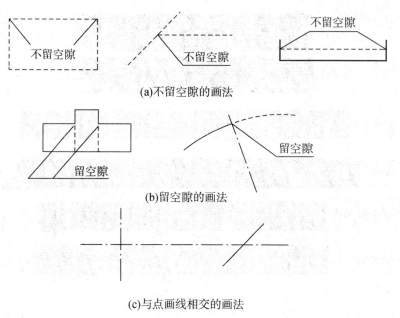

(a)不留空隙的画法

(b)留空隙的画法

(c)与点画线相交的画法

图 1-13　相交图线的画法

(6) 图线间的净距不得小于 0.7 mm。

五、字体

(1) 图纸上的文字、数字、字母、符号、代号等，均应笔画清晰、字体端正、排列整齐、标点符号清楚正确。

(2) 文字的字高尺寸系列为 2.5 mm、3.5 mm、5 mm、7 mm、10 mm、14 mm、20 mm。当采用更大的字体时，其字高应按 $\sqrt{2}$ 的比例递增。

(3) 图纸中的汉字应采用长仿宋体，汉字的高、宽尺寸可按表 1-4 的规定采用。

表 1-4　长仿宋体汉字的高、宽尺寸

单位：mm

字高	20	14	10	7	5	3.5	2.5
字宽	14	10	7	5	3.5	2.5	1.8

注：当采用打字机打印汉字时，宜选用仿宋体或高宽比为 $\sqrt{2}$ 的字体。

(4) 图册封面、大标题等的字体宜采用仿宋体等易于辨认的字体。

(5) 图中汉字应采用国家公布使用的简化汉字。除有特殊要求外，不得采用繁体字。

(6) 图纸中的阿拉伯数字、外文字母、汉语拼音字母笔画宽度，宜为字高的 1/10。

(7) 在同一册图纸中，数字与字母的字体可采用直体或斜体。直体笔画的横与竖应成 90°角；斜体字字头向右倾斜，与水平线应成 75°角（图 1-14）。字母不得采用手写体。

(8) 大写字母的宽度宜为字高的 2/3。小写字母的高度应以 b、f、h、p、g 为准，字宽宜为字高的 1/2；a、m、n、o、e 的字宽宜为上述小写字母高度的 2/3。

图 1-14　数字与字母示例

（9）当图纸中有需要说明的事项时，宜在每张图的右下角、图标上方加以叙述。该部分文字应采用"注"标明，字样"注"应写在叙述事项的左上角。每条"注"的结尾应标以句号。

小贴士

说明事项需要划分层次时，第一、二、三层次的编号应分别用阿拉伯数字、带括号的阿拉伯数字及带圆圈的阿拉伯数字标注。

（10）图纸中文字说明不宜用符号代替名称。当表示数量时，应采用阿拉伯数字书写。如三千零五十毫米应写成 3 050 mm，三十二小时应写成 32 h。

分数不得用数字与汉字混合表示。如五分之一应写成 1/5 不得写成 5 分之 1。不够整数位的小数数字，小数点前应加 0 占位。

（11）当图纸需要缩小复制时，图幅 A0、A1、A2、A3、A4 中汉字字高分别不应小于 10 mm、7 mm、5 mm、3.5mm。

六、工程计量单位

（1）工程计量单位必须按法定计量单位标注。在同一册图纸中，同一计量单位的名称与符号应一致。

（2）当有同一计量单位的一系列数值时，可在最末一个数字后面列出计量单位，如 7.5 m、10.0 m、12.5 m、15.0 m、17.5 m、20.0 m、17～23 ℃。

（3）当附有尺寸单位的数值相乘时，应按下列方式书写，如外形尺寸 $L \times b \times h$ （m³）可写为 $40 \times 20 \times 30$ （m³）或 $40 \text{ m} \times 20 \text{ m} \times 30$ （m）。

（4）当带有阿拉伯数字的计量单位在文字、表格或公式中出现时，必须采用符号，如质量为 150 t，不应写作质量为 150 吨或一百五十吨。当表中上下栏目的数值或文字相同时，不得使用省略形式表示。工程数量或主要材料数量的计算均应根据四舍五入的原则处理，其取用位数应按表 1-5 采用。

表 1-5 数量的取用位数

工程材料 项目	单位	取用位数	
		明细表	部分汇总表
混凝土、砖石	m³	小数后两位	小数后一位
石方、土方	m³	整数位	整数位
钢筋长度	m	小数后两位	小数后一位
钢筋质量	kg	小数后一位	整数位
型钢、铁件等质量	kg	小数后一位	整数位
预应力筋长度	m	小数后一位	整数位
预应力筋质量	kg	小数后一位	整数位
木材	m³	小数后两位	小数后一位
模板	m²	小数后一位	整数位
防水层	m²	整数位	整数位
勾缝面积	m²	整数位	整数位
石灰土、砂	m³	整数位	整数位
生石灰	t	小数后两位	小数后一位
石油沥青	t	小数后两位	小数后一位

注：总表取用位数均采用整数位，但总表中的质量单位均以吨计。

（5）图纸中的单位，标高以米计；里程以千米或公里计；百米桩以百米计；钢筋直径及钢结构尺寸以毫米计；其余均以厘米计。当不按以上要求采用时，应在图纸中予以说明。

七、图纸编排

（1）工程图纸应按封面、扉页、目录、说明、材料总数量、工程位置平面图、主体工程、次要工程等顺序排列。

（2）扉页应绘制图框，各级负责人签署区应位于图幅上部或左部；参加项目的主要成员签署区、设计单位等级、设计单位证书号应位于图幅的下部或右部。排列应力求匀称。

（3）图纸目录应绘制图框，目录本身不应编入图号与页号。

第三节 几何作图

机件的轮廓形状基本上都是由直线、圆弧和一些其他曲线组成的几何图形，绘制几何图形称为几何作图。下面介绍几种最常用的几何作图方法。

一、基本作图方法

1. 作圆内接正六边形

可用 30°直角三角板或圆规来作图，作图方法如图 1-15 所示。

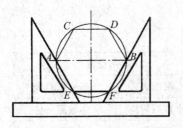
(a)用30°直角三角板作图

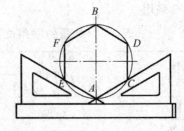

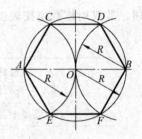
(b)用圆规作图

图 1-15　作圆内接正六边形

2. 斜度和锥度

(1) 斜度。

一直线对另一直线或一平面对另一平面的倾斜程度，称为斜度，在图样中以 $1:n$ 的形式标注。

斜度 $1:6$ 的作法如图 1-16（a）所示。由点 A 起在水平线段上取 6 个单位长度，得点 D，过点 D 作 AD 的垂线 DE，取 DE 为 1 个单位长，连接 AE，即得斜度为 $1:6$ 的直线段。

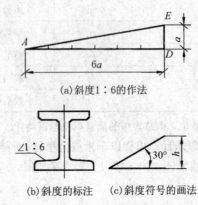

(a)斜度1:6的作法

(b)斜度的标注　　(c)斜度符号的画法

图 1-16　斜度

斜度的标注方法如图 1-16（b）所示。斜度符号"∠"和"⊿"与斜度方向一致。斜度符号的画法如图 1-16（c）所示（h 为字高）。

(2) 锥度。

正圆锥底圆直径与圆锥高度之比，称为锥度，在图样中一般以 $1:n$ 的形式标注。

锥度 $1:3$ 的作法如图 1-17（a）所示。由点 S 起在水平线段上取 6 个单位长度得 O 点，过 O 点作 SO 的垂线，分别向上和向下截取一个单位长度，得 A、B 两点，分别将 A、B 点与点 S 相连，即得 $1:3$ 的锥度。

锥度的标注方法如图 1-17（b）所示。锥度符号的方向应与锥度方向一致。锥度符号的画法如图 1-17（c）所示（h 为字高）。

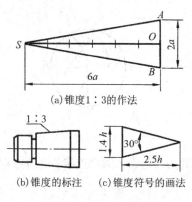

(a)锥度1:3的作法

(b)锥度的标注　(c)锥度符号的画法

图 1-17　锥度

3. 已知长、短轴，用四心圆法作椭圆

具体画法如图 1-18 所示。

（1）画出长、短轴 AB、CD，连 AC，以 C 为圆心，长半轴与短半轴之差为半径，画弧交 AC 于 E 点。

（2）作 AE 中垂线与长、短轴交于 O_3、O_1 点，并作出其对称点 O_4、O_2。

（3）分别以 O_1、O_2 为圆心，O_1C 为半径画大弧；以 O_3、O_4 为圆心，O_3A 为半径画小弧（大小弧的切点 K 在相应的连心线上），即得椭圆。

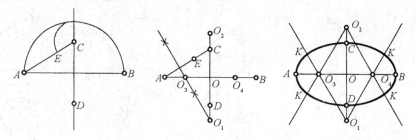

图 1-18　用四心圆法作椭圆

4. 等分直线段

分割直线段 AB 为 4 等份的方法如图 1-19 所示。

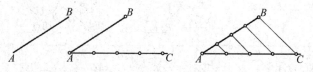

图 1-19　分割直线段 AB 为 4 等份

（1）过已知直线段的一端点作任一射线，由此端点起在射线上截取 4 等份。

（2）将射线上的等分终点与已知直线段另一端点相连，并过射线上各等分点作此连线的平行线与已知直线段相交，交点即为所求等分点。

5. 作圆内接正五边形

作圆内接正五边形的方法如图 1-20 所示。

（1）作半径 OF 的等分点 G，以点 G 为圆心、AG 为半径画圆弧交水平直径线于点 H。

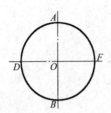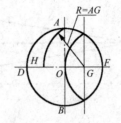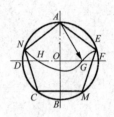

图 1-20　作圆内接正五边形

（2）以 *AH* 为半径，分圆周为 5 等份，顺序连接各等分点即成正五边形。

6. 圆弧连接

用一段圆弧光滑地连接另外两条已知线段（直线或圆弧）的作图方法称为圆弧连接。作图方法见表 1-6，步骤如下。

（1）确定连接圆弧的圆心。

（2）确定连接圆弧与已知线段的切点。

（3）用连接圆弧光滑连接两切点。

表 1-6　圆弧连接

类型	已知条件	作图方法和步骤		
		求连接圆弧圆心	求切点	画连接弧
圆弧连接两已知直线				
圆弧内连接已知直线和圆弧				
圆弧外连接两已知圆弧				
圆弧内连接两已知圆弧				
圆弧分别内外连接两已知圆弧				

二、平面图形的分析与作图

平面图形是由若干直线和曲线封闭连接而成的。画平面图形时，要对这些直线或曲线的尺寸及连接关系进行分析，进而确定平面图形的作图步骤。

下面以图 1-21 中的手柄为例说明平面图形的分析方法和作图步骤。

1. 尺寸分析

平面图形中所注尺寸按其作用可分为定形尺寸和定位尺寸两类。

（1）定形尺寸指确定定形状大小的尺寸，如图 1-21 中的 $\phi20$、$\phi5$、15、$R15$、$R50$、$R10$、$\phi32$、$R12$ 等尺寸。

（2）定位尺寸指确定各组成部分之间相对位置的尺寸，图 1-21 中的 8 是确定 $\phi5$ 小圆位置的定位尺寸。有的尺寸既是定形尺寸，又是定位尺寸，如图 1-21 中的 75。

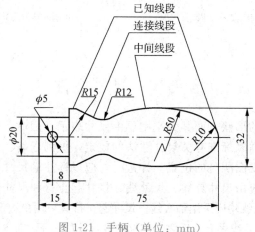

图 1-21 手柄（单位：mm）

2. 线段分析

平面图形中的各线段，有的尺寸齐全，可以根据其定形、定位尺寸直接作图画出；有的尺寸不齐全，必须根据其连接关系通过几何作图的方法画出。按尺寸是否齐全，线段分为已知线段、中间线段和连接线段 3 类。

（1）已知线段指定形、定位尺寸均齐全的线段，如手柄的 $\phi5$、$R10$、$R15$。

（2）中间线段指只有定形尺寸和一个定位尺寸，而缺少另一个定位尺寸的线段。这类线段要在其相邻一端的线段画出后，再根据连接关系（如相切），通过几何作图的方法画出，如手柄的 $R50$。

（3）连接线段指只有定形尺寸而缺少定位尺寸的线段，如手柄的 $R12$。

如图 1-22 所示为手柄的作图步骤。

 小贴士

> 总结：画平面图形时，应先画出已知线段，再画中间线段，最后画连接线段。

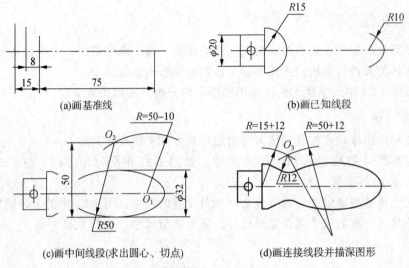

(a)画基准线   (b)画已知线段

(c)画中间线段(求出圆心、切点)   (d)画连接线段并描深图形

图 1-22　手柄的作图步骤（单位：mm）

第四节　尺寸标注

图形只能表示物体的形状，而其大小则要由尺寸表示，因此，尺寸标注十分重要。标注尺寸时，应严格遵照国家标准有关尺寸注法的规定，做到正确、齐全、清晰、合理。

（1）尺寸应标注在视图醒目的位置。计量时，应以标注的尺寸数字为准，不得用量尺直接从图中量取。尺寸应由尺寸界线、尺寸线、尺寸起止符和尺寸数字组成。

（2）尺寸界线与尺寸线均应采用细实线。尺寸起止符宜采用单边箭头表示，箭头在尺寸界线的右边时，应标注在尺寸线之上；反之，应标注在尺寸线之下。箭头大小可按制图比例取值。尺寸起止符也可采用斜短线表示。把尺寸界线按顺时针转 45°，作为斜短线的倾斜方向。在连续表示的小尺寸中，也可在尺寸界线同一水平的位置，用黑圆点表示尺寸起止符。

> **小贴士** ▶
>
> 　　尺寸数字宜标注在尺寸线上方中部。当标注位置不足时，可采用反向箭头。最外边的尺寸数字可标注在尺寸界线外侧箭头的上方，中部相邻的尺寸数字可错开标注。图 1-23 为尺寸要素的标注。

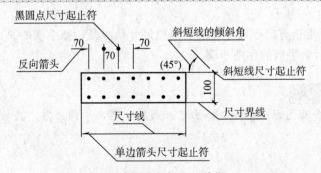

图 1-23　尺寸要素的标注（单位：mm）

（3）尺寸界线的一端应靠近所标注的图形轮廓线，另一端宜超出尺寸线 1～3 mm。图形轮廓线、中心线也可作为尺寸界线。尺寸界线宜与被标注长度垂直；当标注困难时，也可不垂直，但尺寸界线应相互平行（图 1-24）。

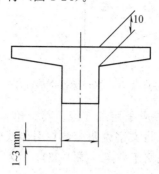

图 1-24　尺寸界线的标注

（4）尺寸线必须与被标注长度平行，不应超出尺寸界线，任何其他图线均不得作为尺寸线。在任何情况下，图线不得穿过尺寸数字。相互平行的尺寸线应从被标注的图形轮廓线由近向远排列，平行尺寸线间的间距可在 5～15 mm 之间。分尺寸线应离轮廓线近，总尺寸线应离轮廓线远（图 1-25）。

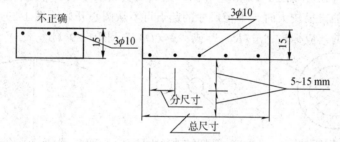

图 1-25　尺寸线的标注

（5）尺寸数字及文字的书写方向应按图 1-26 标注。

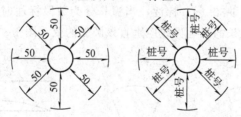

图 1-26　尺寸数字、文字的标注

（6）当用大样图表示较小且复杂的图形时，其放大范围应在原图中采用细实线绘制圆形或较规则的图形圈出，并用引出线标注（图 1-27）。

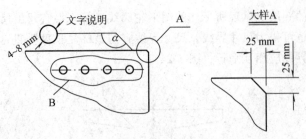

图 1-27　大样图范围的标注

（7）引出线的斜线与水平线应采用细实线，其交角 α 可按 90°、120°、135°、150°绘制。当投影需要文字说明时，可将文字说明标注在引出线的水平线上（图 1-27）。当斜线在一条以上时，各斜线宜平行或交于一点（图 1-28）。

图 1-28　引出线的标注

（8）半径与直径可按图 1-29（a）标注。当圆的直径较小时，半径与直径可按图 1-29（b）标注；当圆的直径较大时，半径尺寸的起点可不从圆心开始 [图 1-29（c）]。半径和直径的尺寸数字前，应标注"r（R）"或"d（D）"[图 1-29（b）]。

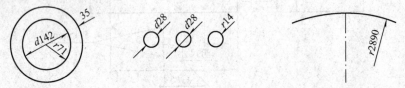

(a)半径与直径尺寸标注　　(b)较小圆半径与直径尺寸标注　　(c)较大圆半径与直径尺寸标注

图 1-29　半径与直径的标注

（9）圆弧尺寸宜按图 1-30（a）标注；当弧长分为数段标注时，尺寸界线也可沿径向引出 [图 1-30（b）]；弦长的尺寸界线应垂直该圆弧的弦 [图 1-30（c）]。

(a)圆弧尺寸标注　　(b)弧长分为数段时尺寸标注　　(c)弧长尺寸标注

图 1-30　弧、弦的尺寸标注

（10）角度尺寸线应以圆弧表示。角的两边为尺寸界线。角度数值宜写在尺寸线上方中部。当角度太小时，可将尺寸线标注在角的两条边的外侧。角度数字宜按图 1-31 标注。

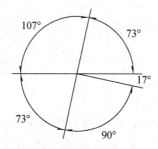

图 1-31 角度的标注

（11）尺寸的简化画法应符合下列规定。

①连续排列的等长尺寸可采用"间距数乘间距尺寸"的形式标注（图 1-32）。

②两个相似图形可仅绘制一个。未示出图形的尺寸数字可用括号表示。如有数个相似图形，当尺寸数值各不相同时，可用字母表示，其尺寸数值应在图中适当位置列表示出（表 1-7）。

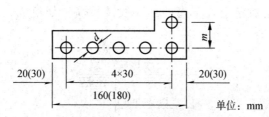

图 1-32 相似图形的标注（单位：mm）

表 1-7 尺寸数值
单位：mm

编号	尺寸	
	m	d
1	25	10
2	40	20
3	60	30

（12）倒角尺寸可按图 1-33（a）标注；当倒角为 45°时，也可按图1-33（b)标注。

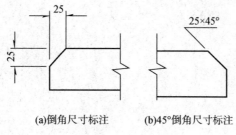

(a)倒角尺寸标注　　(b)45°倒角尺寸标注

图 1-33 倒角的标注

（13）标高符号应采用细实线绘制的等腰三角形表示，高为 2～3 mm，底角为 45°，顶角应指至被注的高度，顶角向上、向下均可。标高数字宜标注在三角形的右边，负标高应冠以"－"号，正标高（包括零标高）数字前不应冠以"＋"号。当图形复杂时，也可采用引出线形式标注（图 1-34）。

图 1-34　标高的标注

（14）当坡度值较小时，坡度的标注宜用百分率表示，并应标注坡度符号。坡度符号应由细实线、单边箭头以及在其上标注的百分数组成。坡度符号的箭头应指向下坡。当坡度值较大时，坡度的标注宜用比例的形式表示，如 $1:n$（图 1-35）。

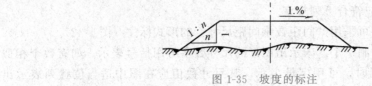

图 1-35　坡度的标注

（15）水位符号应由数条上长下短的细实线及标高符号组成。细实线间的间距宜为 1 mm（图 1-36）。

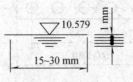

图 1-36　水位的标注

第二章　投影的基本知识

学习目标

1. 了解投影的概念及基本性质；
2. 掌握物体的三视图；
3. 掌握斜桥涵、弯桥、坡桥、隧道、挡土墙视图。

第一节　投影的概念及基本性质

生活中，投影现象随处可见。在阳光下，各种物体都在地面上投下其影子；在灯光下，桌椅也都在地板或墙面上投下其影子。人们根据生产活动的需要，对这种现象经过科学的抽象，总结出了影子和物体之间的几何关系，逐步形成了投影法。

所谓投影法，就是按一定的投影方向，将物体向给定的投影面进行投影，来得到图形。

一、正投影的基本性质

1. 真实性

当直线或平面与投影面平行时，则直线的投影反映实长，平面的投影反映实形，这种性质称为真实性，如图 2-1（a）所示。

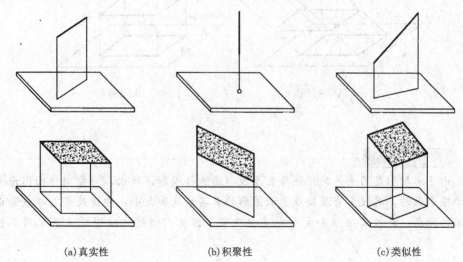

(a)真实性　　(b)积聚性　　(c)类似性

图 2-1　正投影的基本性质

2. 积聚性

当直线或平面与投影面垂直时，则直线的投影积聚成一点，平面的投影积聚成一条线，这种性质称为积聚性，如图 2-1（b）所示。

3. 类似性

当直线或平面与投影面倾斜时，直线的投影长度变短，平面的投影面积变小，但投影的形状仍与原来的形状相类似，这种性质称为类似性，如图 2-1（c）所示。

二、投影法的分类

投影法分为两大类：平行投影法和中心投影法。

1. 平行投影法

若投影中心在无穷远处，则投射线相互平行，如图 2-2 所示，这种投射线相互平行的投影法，称为平行投影法。

在平行投影法中，按投影方向是否垂直于投影面，又可分为斜投影法和正投影法。

（1）斜投影法。

投影方向与投影面相倾斜的平行投影法称为斜投影法。由斜投影法所得到的图形，称为斜投影或斜投影图，如图 2-2（a）所示。

（2）正投影法。

投影方向与投影面相垂直的平行投影法称为正投影法。由正投影法所得到的图形，称为正投影或正投影图，可简称为投影，如图 2-2（b）所示。本书在没做具体说明的情况下投影皆指正投影。

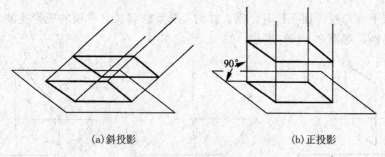

(a)斜投影　　　　　　　　　　　(b)正投影

图 2-2　平行投影

小贴士 ▶

　　由于正投影是用平行的光线垂直于投影面进行投影，所以，当空间平面图形平行于投影面时，其投影将反映该平面图形的真实形状和大小，即使改变它与投影面之间的距离，其投影形状和大小也不会改变。因此，绘制机械图样主要采用正投影。

2. 中心投影法

要获得投影，必须具备投射线、物体和投影面这 3 个基本条件，如图 2-3 所示。将四边形板 $ABCD$ 放在投影面 P 和投影中心 S 之间，自 S 分别向 A、B、C、D 引投射线并延长，使它与投影面 P 交于 a、b、c、d，则四边形 $abcd$ 即是空间四边形 $ABCD$ 在投影面 P 上的投影。这种投射线由一点发出的投影法称为中心投影法。

小贴士

　　采用中心投影法绘制的图样具有较强的立体感，在建筑工程的外形设计中经常使用。但改变物体与投影中心或投影面之间的距离、位置，则其投影的大小也随之改变，并且度量性较差，不能反映物体的真实形状和大小，因此在机械图样中较少使用。

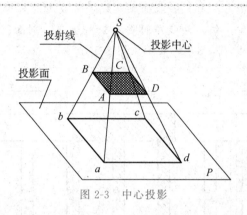

图 2-3　中心投影

第二节　物体的三视图

一、投影的基本概念

（1）结构物的视图宜采用第一角正投影法绘制，也可采用第三角正投影法绘制（图2-4）。

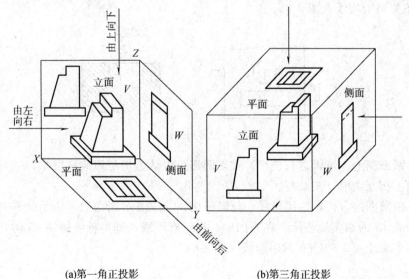

(a)第一角正投影　　　　　(b)第三角正投影

图 2-4　物体的投影

（2）视图的表示应根据表达清楚、简单、明晰及看用方便的原则选用。

（3）当表示物体内部某一不可见断面时，应采用剖切法。物体被切的面称为断面。被切物体断面的位置及编号应采用一组标有英文字母或阿拉伯数字的粗短线表示。剖切后留下来的部分物体，按垂直于剖切平面方向的投影所得出的投影图，称为剖面。被剖物体剖面的位置及编号应采用一组标有英文字母或阿拉伯数字的单边箭头表示（图 2-5）。

> **小贴士**
>
> 　　视图名称或剖面、断面的代号均应标注在投影上方居中。剖面、断面的代号应成对的采用，并以一根 5~10 mm 长的细实线，将成对的代号分开。图名底部应绘制与图名等长的粗、细实线，两线净间距为 1~2 mm。剖面、断面的代号宜采用英文字母或阿拉伯数字 1，2，3，…表示（图 2-5）。

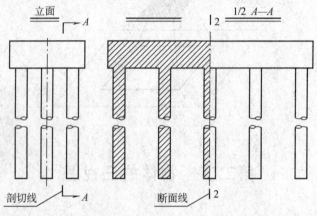

图 2-5　投影的剖切及标注

（4）当采用阶梯剖切图形时，不应画剖切面转折处产生的交线，即在 $A—A$ 剖面中，O_1O 线段不应画为实线（图 2-6）。

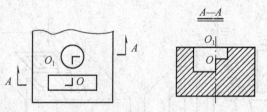

图 2-6　阶梯剖的标注

（5）在断面图上，可再进行剖切。被切图形可以认为仍是原完整图形，也可在两个对应的断面图上相互切取（图 2-7）。

（6）在断面图内，可标注阴影线、材料图例。当仅表示断面而不表示材料时，可采用与基本轴线成 45°的细实线表示。在原图中，当已有图线与基本轴线倾斜 45°时，可将阴影线画为与基本轴线成 30°或 60°的阴影线（图 2-8）。

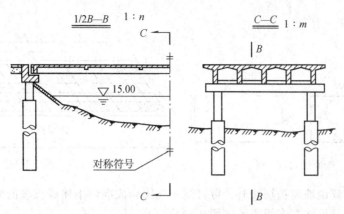

图 2-7 对应断面相互切取

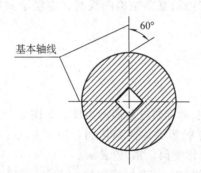

图 2-8 断面阴影线的标注

（7）两个或两个以上的相邻断面可画成不同倾斜方向或不同间隔的阴影线。在满足图形表达清楚的情况下，断面也可不画阴影线。当图形断面较小时，可采用涂黑的断面表示，涂黑的断面间应留有空隙（图2-9）。

图 2-9 涂黑的断面

（8）视图的简略画法应符合下列规定。

①对称图形可采用绘制一半或1/4图形的方法表示。除总体布置图外，在图形的图名前，应标注"1/2"或"1/4"字样。可以对称中心线为界，一半画一般构造图，另一半画断面图，也可分别画两个不同的1/2断面。在对称中心线的两端，可标注对称符号。对称符号应由两条平行的细实线组成（图 2-7）。

②在总体布置图中，可将对称的一半图形画成剖切后的断面或剖面。此时，不宜再在图名中标注"1/2"字样。

③当图形较大时，可用折断线或波浪线勾出图形表示的范围（图2-10）。波浪线不应超出图形外轮廓线。

④当图形需折断简化表示时，折断线宜等长、成对地布置。两线间距宜为 $4\sim5$ mm。越过省略部分的尺寸线不应折断，并标注实际尺寸（图 2-11）。圆柱图形的折断简化表示

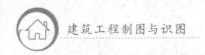

建筑工程制图与识图

可按图 2-7 绘制。

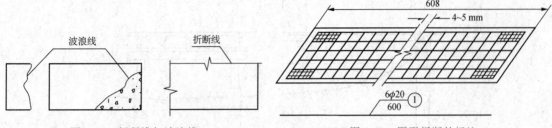

图 2-10 折断线与波浪线　　　　图 2-11 图形折断的标注

（9）当土体或锥坡遮挡视线时，可将结构视图画成剖切土体或锥坡的断面图，使被土体遮挡部分成为可见体以实线表示（图 2-7）。

（10）当用虚线表示被遮挡的复杂结构图线时，应仅绘制主要结构或离视图较近的不可见图线。

二、三视图的形成过程

1. 三视图的建立

三投影面体系由 3 个相互垂直的投影面所组成，如图 2-12 所示。

3 个投影面分别为：正立投影面，简称正面，用 V 表示；水平投影面，简称水平面，用 H 表示；侧立投影面，简称侧面，用 W 表示。

相互垂直的投影面之间的交线，称为投影轴，它们分别是：OX 轴（简称 X 轴），是 V 面与 H 面的交线，它代表长度方向；OY 轴（简称 Y 轴），是 H 面与 W 面的交线，它代表宽度方向；OZ 轴（简称 Z 轴），是 V 面与 W 面的交线，它代表高度方向。

小贴士

3 个投影轴相互垂直相交，其交点 O 称为原点。

2. 物体在三投影面体系中的投影

将物体放置在三投影面体系中，按正投影法向各投影面投射，即可分别得到物体的正面投影、水平投影和侧面投影，如图 2-13 所示。

3. 三投影面体系投影面的展开

为了画图方便，需将相互垂直的 3 个投影面摊平在同一个平面上。规定：正立投影面不动，将水平投影面绕 OX 轴向下旋转 $90°$，将侧立投影面绕 OZ 轴向右旋转 $90°$ ［图 2-14（a）］，分别展开到正立投影面上，如图 2-14（b）所示。应注意，水平投影面和侧立投影面旋转时，OY 轴被分为两处，分别用 OY$_H$（在 H 面上）和 OY$_W$（在 W 面上）表示。

物体在正立投影面上的投影，也就是由前向后投射所得的投影，称为正立面投影图；物体在水平投影面上的投影，也就是由上向下投射所得的投影，称为水平投影图；物体在侧立投影面上的投影，也就是由左向右投射所得的投影，称为侧立面投影图，如图 2-13 所示。

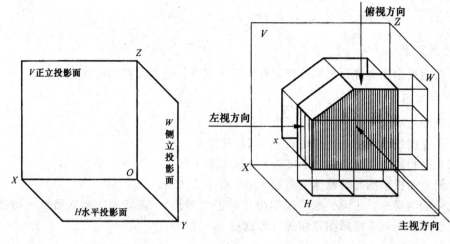

图 2-12 三投影面体系的建立　　　　图 2-13 物体在三投影面体系中投影

在机械制图中，不必画出投影面的范围，因为它的大小与投影无关，这样，视图则更加清晰，如图 2-14（c）所示。

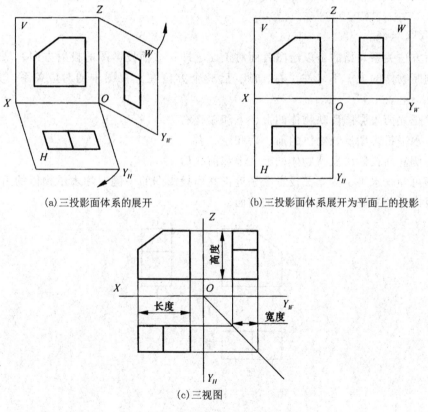

(a)三投影面体系的展开　　　　(b)三投影面体系展开为平面上的投影

(c)三视图

图 2-14 三视图的形成

三、三视图之间的对应关系

1. 位置关系

以正立面投影图为准，水平投影图在它的正下方，侧立面投影图在它的正右方。

2. 尺寸关系

从三视图的形成过程中，可以看出〔图 2-14（c）〕：

（1）正立面投影图反映物体的长度（X）和高度（Z）。

（2）水平投影图反映物体的长度（X）和宽度（Y）。

（3）侧立面投影图反映物体的宽度（Y）和高度（Z）。

由此可归纳得出：正面、水平投影图长对正（等长）；正立面、侧立面投影图高平齐（等高）；水平、侧立面投影图宽相等（等宽）。

> **小贴士** ▶
>
> 应当指出，无论是整个物体或物体的局部，其三面投影都必须符合"长对正、高平齐、宽相等"的规律。

3. 方位关系

所谓方位关系，指的是以绘图者面对正面（即正立面投影图的投射方向）来观察物体为准，判断物体的上、下、左、右、前、后 6 个方位在三视图中的对应关系，如图 2-15所示。

（1）正立面投影图反映物体的上、下和左、右。

（2）水平投影图反映物体的前、后和左、右。

（3）侧立面投影图反映物体的上、下和前、后。

由图可知，水平、侧立面投影图靠近正立面投影图的一侧，均表示物体的后面；远离正立面投影图的一侧，均表示物体的前面。

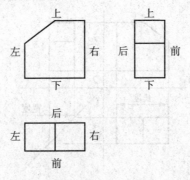

图 2-15 三视图中的对应关系

第三节　斜桥涵、弯桥、坡桥、隧道、挡土墙视图

一、斜桥涵视图及主要尺寸的标注

（1）斜桥涵视图及主要尺寸的标注应符合下列规定。

①斜桥涵的主要视图应为平面图。

②斜桥涵的立面图宜采用与斜桥平面纵轴线平行的立面或纵断面表示。

③各墩台里程桩号、桥涵跨径、耳墙长度均采用立面图中的斜投影尺寸，但墩台的宽度仍应采用正投影尺寸。

④斜桥倾斜角 α 应采用斜桥平面纵轴线的法线与墩台平面支承轴线的夹角标注（图 2-16）。

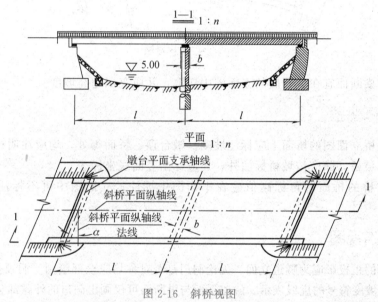

图 2-16　斜桥视图

（2）当绘制斜板桥的钢筋构造图时，可按需要的方向剖切。当倾斜角较大而使图面难以布置时，可按缩小后的倾斜角值绘制，但在计算尺寸时，仍应按实际的倾斜角计算。

二、弯桥视图

（1）弯桥视图应符合下列规定。

①当全桥在曲线范围内时，应以通过桥长中点的平曲线半径为对称线；立面或纵断面应垂直对称线，并以桥面中心线展开后进行绘制（图 2-17）。

②当全桥仅一部分在曲线范围内时，其立面或纵断面应平行于平面图中的直线部分，并以桥面中心线展开绘制，展开后的桥墩或桥台间距应为跨径的长度。

③在平面图中，应标注墩台中心线间的曲线或折线长度、平曲线半径及曲线坐标。曲线坐标可列表示出。

④在立面和纵断面图中，可略去曲线超高投影线的绘制。

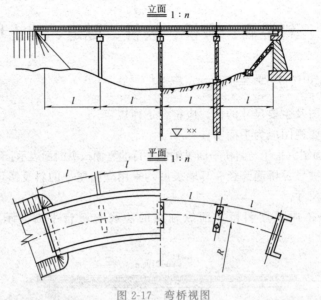

图 2-17　弯桥视图

（2）弯桥横断面宜在展开后的立面图中切取，并应表示超高坡度。

三、坡桥视图

（1）在坡桥立面图的桥面上应标注坡度。墩台顶、桥面等处，均应注明标高。竖曲线上的桥梁亦属坡桥，除应按坡桥标注外，还应标出竖曲线坐标表。

（2）斜坡桥的桥面四角标高值应在平面图中标注；立面图中可不标注桥面四角的标高。

四、隧道视图

隧道洞门的正投影应为隧道立面。无论洞门是否对称均应全部绘制。洞顶排水沟应在立面图中用标有坡度符号的虚线表示。隧道平面与纵断面可仅画出洞口的外露部分（图 2-18）。

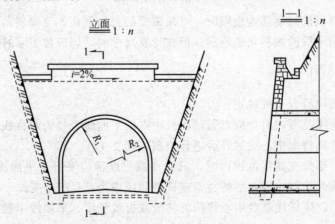

图 2-18　隧道视图

五、挡土墙视图

挡土墙起点、终点的里程桩号应与道路基中心线的里程桩号相同。

挡土墙在立面图中的长度应按挡土墙顶面外边缘线的展开长度标注（图2-19）。

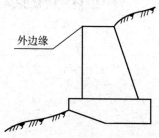

图 2-19 挡土墙顶面外边缘

第三章 点、直线、平面的投影及基本体的三视图

学习目标

1. 掌握点的投影；
2. 掌握直线的投影；
3. 掌握平面的投影；
4. 掌握基本体的三视图。

第一节 点的投影

点是最基本的几何要素。为了迅速而正确地画出物体的三视图，首先必须掌握点的投影规律。

空间中一点我们用大写字母表示，如 A；水平投影用小写字母表示，如 a；正立面投影用小写字母加一撇表示，如 a′；侧立面投影用小写字母加两撇表示，如 a″。

例如图 3-1 所示的三棱锥，由△SAB、△SBC、△SAC 和△ABC 4 个侧面所组成，各侧面分别交于侧棱 SA、SB、SC 等，各侧棱分别汇交于顶点 A、B、C、S，其各顶点的三面投影标记如图 3-1 所示。显然，绘制三棱锥的三视图，实质上就是画出这些顶点的三面投影，然后依次连线而成。

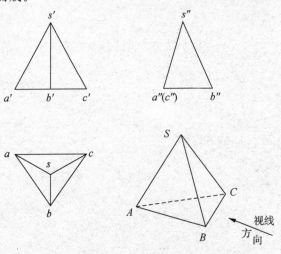

图 3-1 三棱锥的三视图

一、点的投影与直角坐标的关系

点的空间位置可用直角坐标来表示。即把投影面当作坐标面，投影轴当作坐标轴，3

个轴的交点 O 即为坐标原点。

> **小贴士**
>
> 点的投影与其坐标是一一对应的。因此，可以从点的投影图中量得点的各向坐标，也可根据点的投影确定点的空间位置。反之，根据点的坐标可以直接判断出点的空间位置，并画出其三面投影。

【例 1】已知点 A（17，10，20），判断点 A 的空间位置，并作出点 A 的三视图。

解：点 A 的空间位置可直接由点的坐标（17，10，20）判定，即点 A 在距离 W 面为 17（由 X 坐标判定）、距离 V 面为 10（由 Y 坐标判定）、距离 H 面为 20（由 Z 坐标判定）的空间位置上。点 A 三视图的作图步骤如图 3-2 所示。

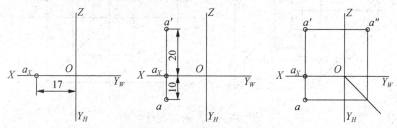

图 3-2 点 A 三视图的作图步骤

（1）作投影轴，在 OX 轴上取 17，得 a_X 点。

（2）过 a_X 作 OX 轴垂线，向下取 10 得 a，向上取 20 得 a'。

（3）根据 a、a'，求出 a"。

二、点的三面投影

如图 3-3（a）所示，求点 S 的三面投影，就是由点 S 分别向 3 个投影面作垂线，其垂足 s、s'、s" 即为点 S 的三视图。将 H、W 面展开，便得到点 S 的三面投影 [图 3-3（b）]，图中 s_X、s_{Y_H}、s_{Y_W}、s_Z 分别为点的投影连线与投影轴 X、Y_H、Y_W、Z 的交点。

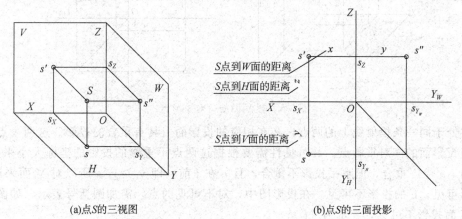

(a)点S的三视图　　　　　　　(b)点S的三面投影

图 3-3 点 S 的三面投影的形成

通过点的三面投影的形成过程，可总结出点的投影规律。

（1）点的两面投影的连线，必定垂直于相应的投影轴，即 ss'⊥OX，s's"⊥OZ，ss_{Y_H}

$\perp OY_H$，$s''s_{Y_w} \perp OY_W$。

（2）点的投影到投影轴的距离等于空间点到相应的投影面的距离，即 $s's_X = s''s_Y = S$ 点到 H 面的距离 Ss；$ss_X = s''s_Z = S$ 点到 V 面的距离 Ss'；$ss_Y = s's_Z = S$ 点到 W 面的距离 Ss''。

三、两点的相对位置

两点在空间的相对位置可以由两点的三向坐标来确定，如图 3-4 所示：

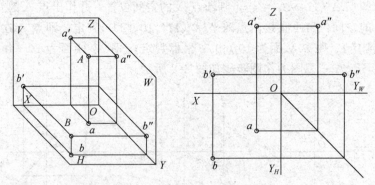

图 3-4　两点在空间的相对位置

（1）两点的左、右位置由 X 坐标确定，X 坐标值大者在左，B 在 A 之左。

（2）两点的前、后位置由 Y 坐标确定，Y 坐标值大者在前，B 在 A 之前。

（3）两点的上、下位置由 Z 坐标确定，Z 坐标值大者在上，A 在 B 之上。

如图 3-5 所示，E、F 两点 X、Z 坐标相同，即 $x_E = x_F$，$z_E = z_F$，此时，e' 和 f' 重合，即 E、F 两点处于对正面的同一条投射线上。

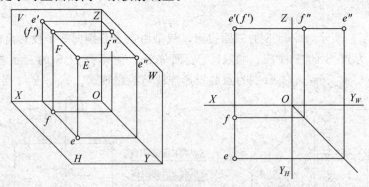

图 3-5　对 V 面的一对重影点

共处于同一条投射线上的两点，必在相应的投影面上具有重合的投影。这两个点被称为对该投影面的一对重影点。其可见性需要根据这两点不重影的投影的坐标大小来判别。如上图，e'、f' 重合，但水平投影不重合，且 e 在 f 前，即 $y_E > y_F$。所以对 V 面来说，E 的投影可见，F 的投影不可见。在投影图中，对不可见的点，需加圆括号表示，如图中点 F 的 V 面投影不可见，表示为 (f')。

第二节 直线的投影

本节所研究的直线，均指直线的有限长度，即线段。

一、直线的三面投影

直线的投影可能是直线，也可能是点，作直线的投影，相当于是作直线两个端点的投影，然后连接，如图 3-6 所示。

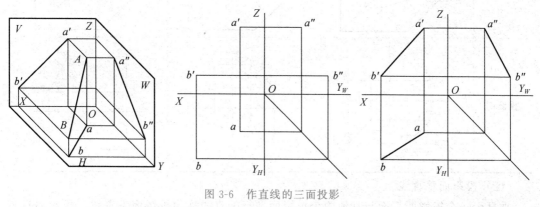

图 3-6 作直线的三面投影

二、各种位置直线

直线相对于投影面的位置共有 3 种情况：①垂直；②平行；③倾斜，如图 3-7 所示。这 3 种位置分别对应了投影的积聚性、真实性、类似性。

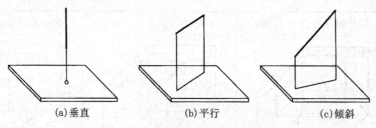

(a)垂直　　　　(b)平行　　　　(c)倾斜

图 3-7 直线相对于投影面的位置

1. 一般位置直线

对 3 个投影面都倾斜的直线，称为一般位置直线。如图 3-6 所示即为一般位置直线，其投影特性为：①一般位置直线的各面投影都与投影轴倾斜；②一般位置直线的各面投影的长度均小于实长。

2. 特殊位置直线

（1）投影面平行线。

平行于一个投影面，而与其他两个投影面倾斜的直线称为投影面平行线。投影面平行线在平行的投影面上的投影反映真实性，且与其他两个投影面倾斜，反映类似性。画法几何中规定：直线对 H 面的倾角用 α 表示，对 V 面的倾角用 β 表示，对 W 面的倾角用 γ 表示。投影面平行线的投影见表 3-1。

表 3-1 投影面平行线的投影

名称	水平线（平行于 H 面）	正平线（平行于 V 面）	侧平线（平行于 W 面）
轴测图			
投影图			

（2）投影面垂直线。

垂直于一个投影面，而与其他两个投影面平行的直线称为投影面垂直线。投影面垂直线在所垂直的投影面上的投影积聚为一点，在其余两面投影反映真实性。垂直于 H 面的直线，称为铅垂线；垂直于 V 面的直线，称为正垂线；垂直于 W 面的直线，称为侧垂线。投影面垂直线的投影见表 3-2。

表 3-2 投影面垂直线的投影

名称	铅垂线（垂直于 H 面）	正垂线（垂直于 V 面）	侧垂线（垂直于 W 面）
轴测图			
投影图			

三、直线上的点

直线上的点具有如下两个特性。

（1）从属性表现为直线上一点，其投影仍在直线的同面投影上，如图 3-8 所示。

（2）定比性表现为若一点分直线成比例，则该点的投影仍然分该直线的对应投影成相同的比例，如图 3-9 所示。

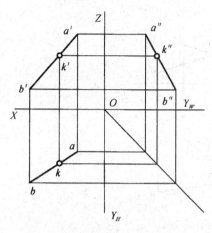
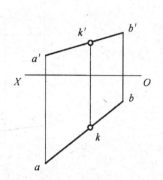

图 3-8　从属性　　　　图 3-9　定比性

四、两直线的相对位置

空间两直线的相对位置有相交、交叉和平行 3 种情况。

1. 两直线相交

空间相交的两直线，它们的同面投影也一定相交，交点为两直线的共有点，且符合点的投影规律，如图 3-10 所示。

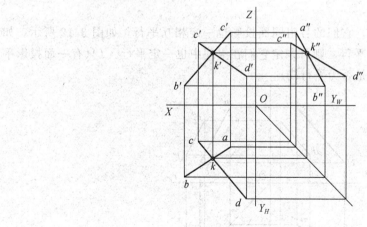

图 3-10　两直线相交

反之，如果两直线的各组同面投影都相交，且交点符合点的投影规律，则可判定这两直线在空间也一定相交。

2. 两直线交叉

在空间既不平行也不相交的两直线，称为交叉两直线，也称为异面直线，如图 3-11 所示。

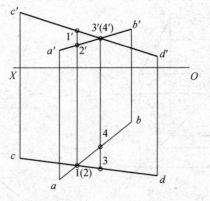

图 3-11　两直线交叉

因 AB、CD 不平行，它们的各组同面投影不会都平行（可能有一、两组平行）；又因为 AB、CD 不相交，各组同面投影的交点不符合点的投影规律。

反之，如果两直线的投影不符合平行或相交两直线的投影规律，则可判定为空间两直线交叉。

3. 两直线平行

空间相互平行的两直线，它们的各组同面投影也一定相互平行，如图 3-12 所示。如果两直线的各面投影都相互平行，则可判定它们在空间中也一定平行。（只有一面投影平行或两面投影平行不能确定是否为平行线）

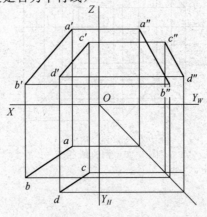

图 3-12　两直线平行

第三节　平面的投影

一、平面的三面投影

平面通常由点、直线或具体的平面图形确定，如图 3-13 所示。

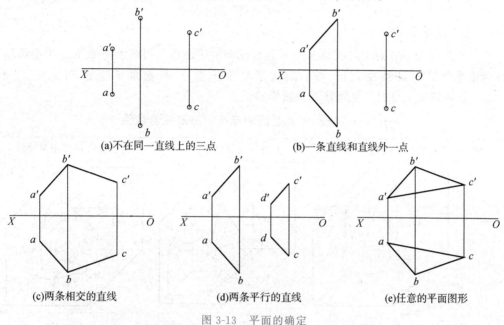

(a)不在同一直线上的三点　　　　　　(b)一条直线和直线外一点

(c)两条相交的直线　　　　(d)两条平行的直线　　　　(e)任意的平面图形

图 3-13　平面的确定

> **小贴士**
>
> 本节所研究的平面多指平面的有限部分，即平面图形。

平面图形的边和顶点是由一些线段（直线段或曲线段）及其交点组成的。因此，这些线段的集合就表示了该平面图形。作平面的投影，即先画出平面图形各顶点的三面投影，然后将各点的同面投影依次连接，即为平面图形的投影，如图 3-14 所示。

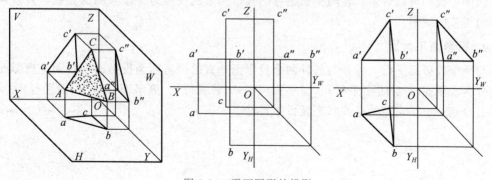

图 3-14　平面图形的投影

二、各种位置平面的投影特性

1. 投影面垂直面

与一个投影面垂直，但与另外两个投影面倾斜的平面称为投影面垂直面。投影面垂直面分为铅垂面（与 H 面垂直）、正垂面（与 V 面垂直）、侧垂面（与 W 面垂直）3 种。表 3-3，分别列出了它们的空间状态及投影特性。

表 3-3　投影面垂直面的空间状态及投影特性

名称	铅垂面（垂直于 H 面）	正垂面（垂直于 V 面）	侧垂面（垂直于 W 面）
轴测面			
投影面			

从图中我们可以看出，在与平面垂直的投影面上的投影为一条倾斜的直线，其余两面投影为类似的线框。

2. 投影面平行面

与一个投影面平行，但是与另外两个投影面垂直的平面称为投影面平行面。投影面平行面分为水平面（与 H 面平行）、正平面（与 V 面平行）、侧平面（与 W 面平行）3 种。表 3-4 分别列出了它们的空间状态及投影特性。

第三章　点、直线、平面的投影及基本体的三视图

表 3-4　投影面平行面的空间状态及投影特性

名称	水平面（平行于 H 面）	正平面（平行于 V 面）	侧平面（平行于 W 面）
轴测面			
投影面			

从图中我们可以看出，与平面平行的投影面上的投影为实形，反映真实性；其余两面投影为直线，反映积聚性。

3. 一般位置平面

与 3 个投影面都倾斜的平面称为一般位置平面。如图 3-15 所示，平面 ABC 为一般位置平面，在 3 个投影面上同时反映类似性，得到平面的 3 个类似图形。

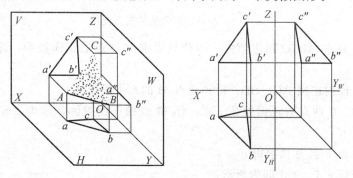

图 3-15　一般位置平面

三、属于平面的点和直线

1. 取属于平面的点

点从属于平面的条件是：若点从属于平面上任意直线，则点必定从属于该平面。因此，在平面上取点，通常是先取从属于平面的直线，再在直线上取点。

【例 2】如图 3-16 所示，已知三角形 ABC 所在平面内有一点 M 的水平投影，求作点 M 的正面投影。

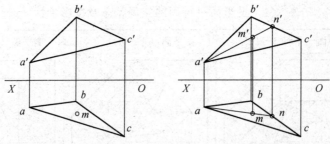

图 3-16　作点 M 的正面投影

解：经过 M 点的水平投影 m，连接 am 交 bc 于 n，由于 M 点在平面内，A 点也在平面内，则直线 AM 仍在平面内，AM 上一点 N 也在平面内。然后作 N 点的正面投影，根据点的投影规律可得点 M 的正面投影。

【例3】如图 3-17 所示，已知一平面四边形 ABCD 的水平投影和部分正面投影，求作该四边形完整的正面投影。

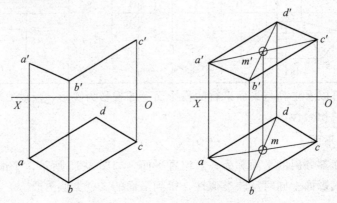

图 3-17　作四边形完整的正面投影

解：由于点 D 在 ABCD 四边形内，因此只要求出 D 点的正面投影，即可求解。步骤如下。

（1）在水平面内连接 AC、BD，得到交点 M 的水平投影 m。

（2）连接 A、C 两点的正面投影 a′c′，作 M 点的正面投影，因为点在直线上的从属性，m′ 必在 a′c′ 上。

（3）连接 b′m′，并延长求得 d′。

（4）顺次连接 a′d′、c′d′ 即为所求。

2. 取属于平面的直线

直线从属于平面的条件是：①一直线经过平面的两点；②一直线经过平面上一点，并且平行于该平面上的另一条直线。

【例4】如图 3-18 所示，已知由两条相交直线 AB、AC 构成一平面，试在该平面内作一任意直线。

解法一：如图 3-18（a）所示，在 AB、AC 上分别任取点 M、N，连接 M、N 的同面投影，即得该平面内任意直线。

解法二：如图 3-18（b）所示，过 B 点（AB、AC 上任意点均可）引一条直线 BD 平行于 AC，根据两直线平行的投影特性，可作出其正面、水平面投影即为所求。

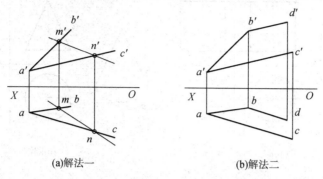

(a)解法一　　　　　　　　　　(b)解法二

图 3-18　在平面内作一任意直线

第四节　基本体的三视图

在设计机器和零件时，必须先分析它们的结构模型。一般机件的形体都可以看成是由棱柱、棱锥、圆柱、圆锥、圆球以及圆环等基本几何体（简称基本体）按照一定方式组合而成的。

小贴士 ▶

根据基本体的形体构成特点，一般将基本体分为平面几何体和回转几何体两类。平面几何体的每个表面都是平面，如棱柱、棱锥等；回转几何体的表面至少有一个是曲面，如圆柱、圆锥、圆台等。

一、回转几何体的三视图

回转面可以看作是母线绕回转轴线回转而形成的曲面。曲面上任一位置的母线，称为该曲面的素线。回转面形成后，表面有一些特殊的素线，它们通常位于最前最后，最左最右，或是最上最下这些位置。它们的回转面分为可见和不可见两部分的界限，称为转向轮廓线。回转几何体的三视图如图 3-19 所示。

二、基本体表面取点

1. 锥体的表面取点

常见的锥体有棱锥和圆锥。对锥体进行表面取点，常用的方法有辅助线法和辅助面法两种。辅助线法的做法同平面内取点。这里使用辅助面法求解。

【例 5】如图 3-20 所示，已知三棱锥的三视图以及表面上一点 A 的正面投影 a'，求 A 点在其余两个面上的投影。

分析：用一个和底面平行的面切开该三棱锥，切出来的这个面为三角形，且与底面相似，即对应的边相互平行，我们可在水平投影中作出其截面形状，再利用点的投影关系求得投影。

解：过 a' 点作一水平线，交 $s'b'$ 于点 m'，求出 M 的水平面投影 m，过 m 作与底面相似的三角形，利用长对正求出 a 点。再根据 a 和 a' 求出侧面投影 a''。

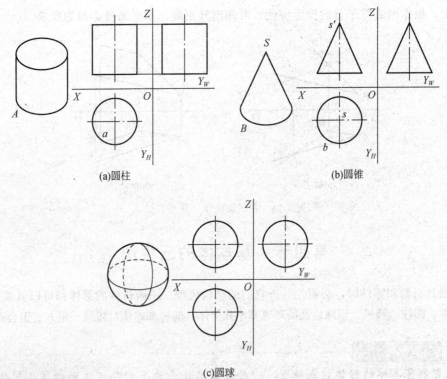

(a)圆柱

(b)圆锥

(c)圆球

图 3-19 回转几何体的三视图

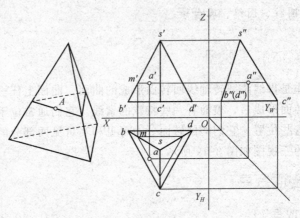

图 3-20 求三棱锥表面一点 A 的两面投影

【例 6】如图 3-21 所示,已知圆锥三视图及表面上一点 A 的正面投影,求点 A 的其余两面投影。

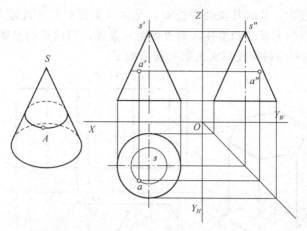

图 3-21 求圆锥表面一点 A 的两面投影

分析：用一个和底面平行的面切开该圆锥，切出来的这个面为圆形，作出该截断面，再利用点的投影关系求得点 A 的各面投影。

2. 圆球的表面取点

圆球的母线圆在绕轴线回转时，其上任一点的旋转轨迹都是圆，这一系列的圆正是求作圆球表面上的点的辅助线。

【例 7】如图 3-22 所示，已知圆的三视图及表面上一点 A 的正面投影，求其他两面投影。

分析：略（请读者自行分析）。

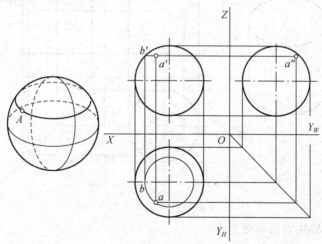

图 3-22 求圆球表面一点 A 的两面投影

3. 棱柱、圆柱的表面取点

棱柱分为斜棱柱、直棱柱，本节讨论的是直棱柱。棱柱和圆柱的侧棱或素线彼此平行，正放时其侧面或圆柱面在某一投影中有积聚性，表面取点可以充分利用这一特点。

【例 8】如图 3-23 所示，已知六棱柱的三面投影以及表面一点 A 在 V 面的投影 a′，求该点 A 在其余两面的投影。

分析：点在空间中有 3 个方向的坐标，如果知道其中两个投影就可以求得第三个投影，本例已知正面投影，要求其他两个投影，是否少条件？对于此题我们要分析其特点，棱柱的侧面在特征投影上反映积聚性，即投影为一条线，利用点的投影关系可以很容易地找出这个投影 a，再利用两面投影求出第三面投影 a″。

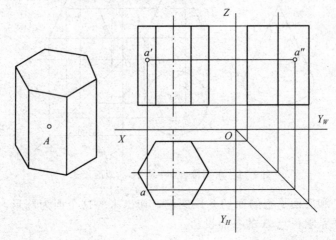

图 3-23　求六棱柱表面一点 A 的两面投影

【例9】如图 3-24 所示，已知圆柱的三面投影以及表面一点 A 在 V 面的投影 a′，求该点 A 在其余两面的投影。

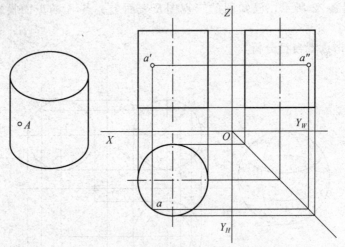

图 3-24　求圆柱表面一点 A 的两面投影

分析：方法同棱柱表面取点。

第四章 立体的投影

💡 **学习目标**

1. 掌握常见的平面立体；
2. 掌握常见曲面立体；
3. 掌握立体表面上点和线的投影。

根据围成立体表面的组成，立体分为平面立体和曲面立体两类：平面立体由平面围成；曲面立体由平面和曲面共同围成，或者单独由曲面围成。

立体根据复杂程度，往往采用两个或更多方向的投影来表示，唯一确定其大小和形状。求立体的投影，最基本的方法是求出围成立体的所有面（平面或曲面）的投影，即可求出立体的投影。

平面的投影用包围平面的轮廓线的投影所围成的区域来表示。轮廓线为立体表面的交线，交线包含直线、曲线。

求直线的投影只需要求直线上任意两点的同面投影，然后用直线相连即可得到。

表面上曲线投影通常采用表面取点法求得。

小贴士 ▶

在求面、立体的投影时，从某个投影方向进行投影，当轮廓线的投影为可见时，画粗实线；不可见时，画虚线；当粗实线与虚线重合时，画粗实线。

第一节 平面立体

一、平面立体投影

平面立体完全由平面围成，因此其棱边线全为直线。求平面立体投影就是求其所有平面表面的投影，也就是求围成每个平面的所有轮廓线的投影。因所有轮廓线均为直线，所以就是求所有直线上端点的投影，即求出立体上所有顶点的投影。

求平面立体投影的基本方法归结为以下几点。

（1）求出平面立体所有顶点的同面投影。

（2）根据该投影方向投影可见性，用粗实线或虚线的直线根据立体轮廓线实际连接情况连接顶点，即得平面立体投影。

投影立体图展开成投影图的方法为：正立投影面保持不动，水平投影面以 OX 为轴向下旋转 90°，侧立投影面以 OZ 为轴向左旋转 90°，然后去掉表示投影面范围的线框，就得到立体的投影图。

立体投影图不必再画投影轴，立体上任一点的位置可以采用相对坐标来决定，而不像点的投影位置确定必须用绝对坐标。当立体投影图按图 4-1 所示布置时，图上方不必标注图名。

立体是由无数点组成的，因此，立体上任一点的投影都符合一个点的三面投影特性，所以立体的投影图具有以下投影特点：长对正，高平齐，宽相等，且前后要对应。

1. 棱柱投影

如图 4-1 所示，五棱柱放在三投影面体系第一分角中投影，得到图 4-2 所示三视图。

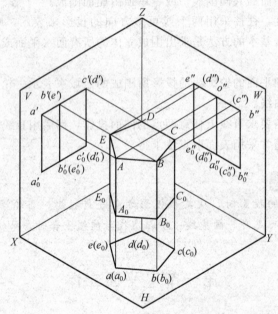

图 4-1　五棱柱投影立体图

分析两图，得到正棱柱的投影特性为：在平行底面的投影面上投影为正多边形，反映棱柱断面形状；在其他投影面上投影为一系列长方形。反之，符合以上投影特点的立体投影图反映立体即为正棱柱。

除了用画平面立体的基本方法求投影图，也要利用特殊位置平面积聚性投影易求的特性，从面的角度去先求面的积聚性投影，简化求投影过程。此例中，五棱柱上底面和下底面为水平面，水平投影反映实形，其他两面投影积聚为平行投影轴直线。因此可以很简单地求出其正面、侧面投影。5 个棱面中除了最左侧的为侧平面，其他皆为铅垂面，水平投影有积聚性，易求。

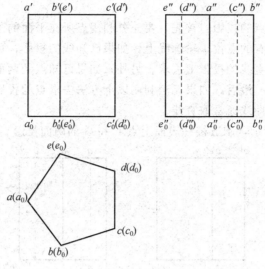

图 4-2 五棱柱三视图

2. 棱锥投影

如图 4-3 所示是三棱锥三视图。该棱锥底面 ABC 水平放置，SBC 棱面为正垂面，三视棱面为一般位置平面。所以底面、正面和侧面投影积聚为直线，水平投影反映底面实形。SBC 棱面正面投影积聚为直线，其他投影为类似形。

小贴士

　　正棱锥投影特性为：底面所平行投影面上投影为正多边形；其他投影为一系列三角形。反之，符合以上投影特点的投影图反映立体即为正棱锥。

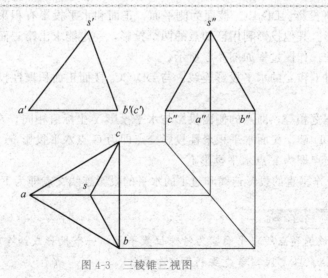

图 4-3 三棱锥三视图

二、平面立体表面上点和线的投影

因为平面立体表面全为平面，所以求平面立体表面上点和线的投影，实际上就是求平面上点和线的投影。

求平面立体表面上点的投影：首先，要充分利用点所在平面的某个方向投影的积聚性去求点的投影。其次，有的点位于轮廓线上，如果已知线的投影，可以方便地利用点在直线上，点的投影一定在直线的投影上去求。另外，如果已知点的两面投影，可用点的三面投影特性求第三面投影。最后，如果无法利用以上方法去求点的投影，则需要构造过所求点的辅助线。平面上辅助线通常取直线。

【例1】如图4-4所示，求五棱柱表面上点 F 和 G 的两面投影。

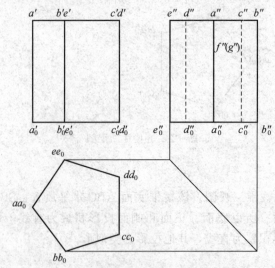

图 4-4　求五棱柱表面 F、G 点投影

分析：已知 F、G 点侧面投影，分析可知为相对侧立投影面重影点，F 点在 AA_0BB_0 棱面上，G 点在 DD_0CC_0 棱面上。AA_0BB_0 棱面为铅垂面，水平投影有积聚性，便于先直接求 F 点水平投影。DD_0CC_0 棱面为侧平面，正面和水平投影有积聚性，便于先直接求点 G 这两面投影。其他投影利用已知点的两个投影，一定能求出第三面投影的特性。

作图过程：作图过程如图4-5所示。

（1）作过 f'' 和 g'' 的水平投影连线。与 DD_0CC_0 棱面正面积聚性投影交点即为 G 点正面投影 g'。

（2）根据宽相等，即点的侧面投影与水平投影 Y 坐标值相同，在水平投影上作水平投影连线。与 DD_0CC_0 棱面水平积聚性投影交点即为 G 点水平投影 g；与 AA_0BB_0 棱面水平积聚性投影交点即为 F 点水平投影 f。

（3）过 f 作垂直的投影连线和过 f'' 的水平的投影连线交点即为 F 点正面投影 f'。

小贴士 ▶

　　因为该例题点所在平面皆为特殊位置平面，一个投影或两个投影有积聚性。所以求其上点的投影时，首先要利用这个条件。

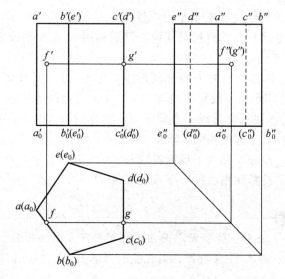

图 4-5 求五棱柱表面 F、G 点投影作图过程

【例 2】如图 4-6 所示，已知三棱锥表面上折线 FGH 的侧面投影，求折线其他两面投影。

分析：折线 FGH 分成直线 FG 和 GH 两段。求直线投影转化为求 F、G 和 H 点的投影。由两段直线侧面投影可见性知道，FG 在棱面 SAB 上，GH 在棱面 SBC 上。F 点在 SAB 棱面上，G 点在棱线 SB 上，H 点在 SBC 棱面上。SAB 棱面为一般位置平面，三面投影都没有积聚性，因此 F 点无法利用面的积聚性求点的投影，只能采用构造辅助线的方法去求。SBC 棱面为正垂面，正面投影有积聚性，便于先直接求点 H 的正面投影。G 点在棱线上，棱线三面投影已知，可以直接利用点的三面投影特性去求。

作图过程：作图过程如图 4-6 所示。

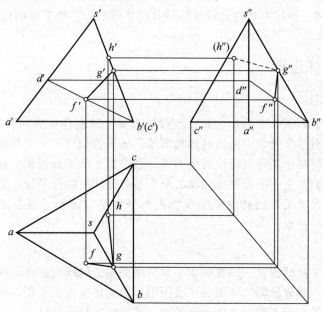

图 4-6 求三棱锥表面折线 FGH 投影

（1）求 H 点投影。先作过 h″的水平投影连线。与 SBC 棱面正面积聚性投影交点即为 H 点正面投影 h′。再作过 h′点垂直投影连线，然后利用 H 点水平投影和侧面投影 Y 坐标值相同，求出 h。

（2）求 F 点投影。作过 B 点和 F 点的辅助线，交 SA 于 D。其侧面投影为过 b″及 f″的直线，交 s″a″于 d″。过 d″作水平投影连线与 s′a′相交，交点即为 d′。连接 b′d′，得到辅助线正面投影，与过 f″的水平投影连线交点即为 f′。再作过 f′点垂直投影连线，然后利用 F 点水平投影和侧面投影 Y 坐标值相同，求出 f。

（3）求 G 点投影。作过 g″点水平投影连线与 s′b′交点即为 g′。再作过 g′点垂直投影连线，然后利用 G 点水平投影和侧面投影 Y 坐标值相同，求出 g。

小贴士

该题点 F 所在平面为一般位置平面，无法利用所在面投影的积聚性去求，所以利用辅助线法去求。而求 H 点投影，则优先利用其所在平面的积聚性投影去求。

第二节　曲面立体

曲面立体的表面是由平面和曲面构成的。求曲面的投影，就是求出曲面上尖点、轮廓线和该投影方向转向轮廓线的投影。这些投影所围成的封闭区域或线，就是曲面的投影。有时从某投影方向观察曲面，会有可见部分和不可见部分。曲面上可见部分和不可见部分的分界线称为该曲面这个投影方向的转向轮廓线。如果从某投影方向观察曲面，没有不可见部分，则该投影方向曲面没有转向轮廓线。可见的转向轮廓线投影画粗实线，不可见的转向轮廓线投影画虚线。

机械制造中为了降低加工成本，保证实现特定功能的前提下，往往采用易于加工的回转几何体这种曲面立体。所以本书侧重讲解回转几何体的投影。最常见的回转几何体有圆柱、圆锥、球等。

一、曲面立体投影

1. 球的投影

球由球面围成。如图 4-7 所示，其三面投影为圆。球面任何方向投影都没有积聚性。完整球面上只有相对各个投影方向的转向轮廓线。球面上相对于正立投影面转向轮廓线为前半个可见球面和后半个不可见球面的分界线，其投影为球正面投影。球面上相对于侧立投影面转向轮廓线为前左半个可见球面和右半个不可见球面的分界线，其投影为球侧面投影。球面上相对于水平投影面转向轮廓线为上半个可见球面和下半个不可见球面的分界线，其投影为球水平投影。

2. 圆锥投影

圆锥由圆锥面和底面围成。圆锥面由一根直线绕相交的轴线旋转而成，为回转面。

如图 4-8 所示，圆锥投影立体图及三视图中，圆锥底面为水平面，正面及侧面投影有积聚性，为直线。圆锥面不垂直于任何投影面，其投影为封闭区域。

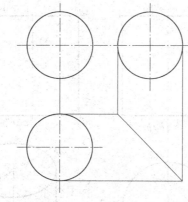

图 4-7　球的三视图

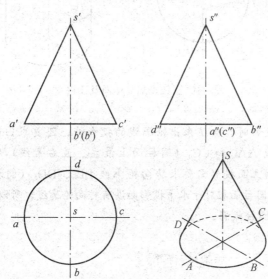

图 4-8　圆锥投影立体图及三视图

> **小贴士**
>
> 　　圆锥面上有尖点和轮廓线，所以要求其三面投影。另外，求圆锥的正面投影时，还要求出圆锥面相对于正立投影面的转向轮廓线 SA 和 SC（圆锥面上最左、最右素线）的投影，共同形成圆锥的正面投影。侧面投影需要求相对于侧投影面转向轮廓线 SB、SD（圆锥面上最前、最后素线）的侧面投影。圆锥面相对于水平投影，没有转向轮廓线，所以只需要求出轮廓线和尖点的水平投影就能求出圆锥的水平投影。

3. 圆柱投影

　　圆柱由圆柱面、顶面和底面围成。圆柱面由一根直线绕相平行的轴线旋转而成，为回转面。很多曲面是由一条线按一定的轨迹运动形成的，这条运动的线称为母线，而曲面上任一位置的母线称为素线。圆柱面的母线为直线。

　　如图 4-9 所示，圆柱投影立体图和三视图，圆柱顶面和底面为水平面，正面及侧面投影有积聚性。圆柱面垂直于水平投影面，水平投影积聚为圆。

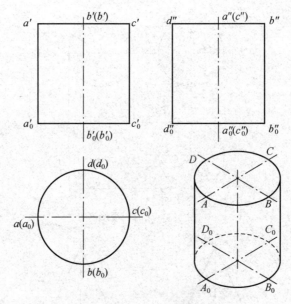

图 4-9　圆柱投影立体图及三视图

> **小贴士**
>
> 　　求圆柱的正面投影时，除了求出轮廓线的投影外，还要求出圆柱面相对于正立投影面的转向轮廓线 AA_0 和 CC_0（圆柱面上最左、最右素线）的投影，共同形成圆柱的正面投影。侧立面投影需要求转向轮廓线 BB_0、DD_0（圆柱面上最前、最后素线）的侧面投影。圆柱面相对于水平投影面没有转向轮廓线，所以只需要求出轮廓线的水平投影就能求出圆柱投影。

二、曲面立体表面上点和线的投影

曲面立体表面可能为平面和曲面。求平面立体表面上点和线的投影方法同上。

1. 曲面立体表面上点的投影

　　求曲面立体表面上点的投影时，因为有些曲面如果垂直于投影面，其该面投影也会积聚为线，具有积聚性。所以求曲面上点的投影方法同平面的求法。首先，要充分利用点所在曲面的某个方向投影的积聚性去求点的投影。其次，有的点位于轮廓线上，如果已知线的投影，可以方便地利用点在线上，点的投影一定在线的投影上去求。另外，如果已知点的两面投影，用点的三面投影特性求第三面投影。最后，如果无法利用以上方法去求点的投影，则需要构造过所求点的辅助线。曲面上辅助线通常取直线或纬圆（垂直于回转体轴线位于回转面上的圆）。

2. 曲面立体表面上线的投影

　　求曲面上线的投影关键是判断空间的线是直线还是曲线，它在相应投影面上的投影是点、直线、圆弧或者除圆弧外的曲线。如果投影为点，则转化为求立体表面上点的投影；如果投影为直线，则转化为求立体表面上线的两极限点（极限点即为线上最左、最上、最前等处于极限位置的点）投影；如果投影为圆弧，则转化为求圆弧圆心和起点、终点的投影；如果投影为非圆曲线，要采用表面取点法求，则转化为求线上一系列离散点的投影上点的投影。

当线的投影为非圆曲线时，采用表面取点法。首先在空间曲线上取一系列的离散点，然后求这些点的同面投影，采用光滑曲线通过这些离散点投影，得到空间曲线投影的近似曲线。为了准确反映空间曲线投影，线上离散点分为特殊点和一般点两类。

首先取特殊点。常用特殊点有三类：空间曲线与自己对称轴的交点；空间曲线与曲面上所有投影方向转向轮廓线的交点；空间曲线的极限点。

小贴士 ▶

如果特殊点与点之间有特别稀疏的地方，则在该处中间补充一般点，否则不用补充一般点。

第三节 立体表面上点和线的投影

立体表面包含平面或者曲面。

（1）立体表面上点的投影求法总结如下。

立体表面上点的投影求法 {
①优先采用点所在面的投影积聚性求。
②优先采用点在轮廓线上，点的投影一定在线的投影上这个投影特点求。
③已知点的两面投影，用点的三面投影特性求第三面投影。
④无法利用上面方法时，采用辅助线法去求。平面采用直线，曲面通常采用直线或者纬圆。
}

（2）立体表面上线的投影求法总结如下。

立体表面上线的投影求法 {
①在空间为直线→求直线两端点投影，然后连直线。
②在空间为曲线 {
a. 投影为直线→求曲线上该投影方向两极限点投影，然后连直线。
b. 投影为圆或圆弧→求圆心、起点和终点投影，然后画圆或圆弧。
c. 投影为非圆曲线→采用表面取点法，求特殊点和一般点投影，然后用光滑曲线通过点的同面投影拟合，得到近似的曲线投影。
}
}

求立体表面上线的投影是求立体投影的关键。在求立体表面上线的投影时，最重要的是判断线在空间中是直线还是曲线。

【例3】如图 4-10 所示，求圆柱表面上曲面 AB 的两面投影。

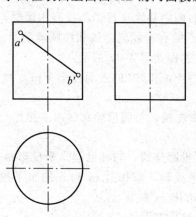

图 4-10 求圆柱表面上曲面 AB 的两面投影

分析：已知曲线 AB 的正面投影，其所在圆柱面水平投影有积聚性，所以其水平投影为圆柱面积聚性投影从 a 到 b 的那段圆弧。A、B 点水平投影可利用其所在面的投影积聚性求得，然后利用点的三面投影特性得两点侧面投影。曲线 AB 侧面投影仍然为曲线，所以采用表面取点法去求。

作图过程：作图过程如图 4-11 所示。

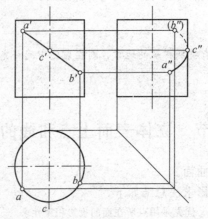

图 4-11　求圆柱表面上曲面 *AB* 的两面投影作图过程

（1）作过 a′和 b′的垂直投影连线。与圆柱面水平积聚性投影交点即为 A、B 点水平投影。ab 段圆弧即为 AB 水平投影。

（2）椭圆弧 AB 侧面投影仍为非圆曲线，采用表面取点法。取特殊点 A、B、C。C 点为 AB 曲线与曲面上所有方向转向轮廓线的交点，c′直接标出。作过 a′、b′和 c′的水平投影连线。根据点的侧面投影与水平投影 Y 坐标值相同，求出 a″、b″和 c″。用光滑曲线连接 3 点的同面投影，并判断可见性，即得 AB 侧面曲线投影。

> **小贴士**
>
> 因为该例题点 A、B 所在圆柱面水平投影有积聚性，优先利用积聚性去求，然后求第三面投影。

【例 4】如图 4-12 所示，已知圆锥表面上点 M、N 的正面投影，求其他两面投影。

分析：两点所在圆锥面的侧面和水平投影都没有积聚性，所以只能利用作辅助线的方法求解。圆锥面上过 M、N 点的有素线辅助线和纬圆辅助线。

解法一（素线法）：作图过程如图 4-12 所示。

（1）作过 M、N 点的素线 SE 和 SF 的正面投影 s′m′e′和 s′n′f′。e′和 f′为辅助线和圆形轮廓线的交点正面投影。

（2）作过 e′和 f′垂直投影连线，与圆形轮廓线水平投影交于 e 和 f。连接 se 和 sf 得辅助线投影。

（3）作过 m′和 n′的垂直投影连线，与辅助线水平投影相交，得 m 和 n。

（4）已知点的正面和水平投影，应作过 m′和 n′的水平投影连线，根据点的侧面投影与水平投影 Y 坐标值相同，求出 m″和 n″。

解法二（纬圆法）：作图过程如图 4-13 所示。

（1）作过 M、N 点的水平纬圆的正面投影，为过 m′n′的直线。

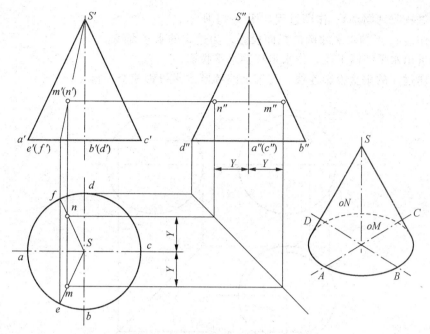

图 4-12 素线法求圆锥表面 *M*、*N* 点两面投影

（2）量出水平纬圆半径，作水平纬圆水平投影。

（3）作过 m′ 和 n′的垂直投影连线，与辅助线纬圆水平投影相交，得 m 和 n。

（4）已知点的正面和水平投影，应作过 m′ 和 n′的水平投影连线，根据点的侧面投影与水平投影 Y 坐标值相同，求出 m″和 n″。

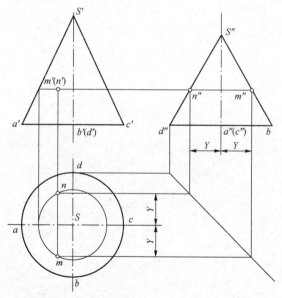

图 4-13 纬圆法求圆锥表面 *M*、*N* 点两面投影

【例5】如图 4-14 所示，已知球表面上点 A 的正面投影，求其他两面投影。

分析：A 点所在球面投影都没有积聚性，所以只能利用作辅助线的方法求解。球面没有直线，有通过 A 点的无数个纬圆。为了容易求辅助线投影，取投影面平行纬圆。

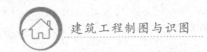

作图过程（纬圆法）：作图过程如图 4-14 所示。

（1）作过 A 点的水平纬圆的正面投影，为过 a′ 的水平直线。

（2）量出水平纬圆半径，作水平纬圆水平投影。

（3）作过 a′ 的垂直投影连线，与辅助线纬圆水平投影相交，得 a。

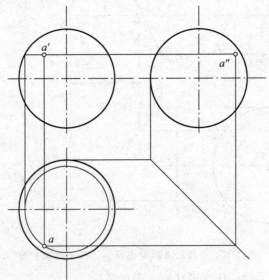

图 4-14　纬圆法求球表面 A 点两面投影

（4）已知点的正面和水平投影，应作过 a′ 的水平投影连线，根据点的侧面投影与水平投影 Y 坐标值相同，求出 a″。

第五章　立体表面的交线

学习目标

1. 掌握平面与平面立体相交的画法；
2. 掌握平面与曲面立体相交的画法；
3. 掌握立体与立体表面相交的画法。

利用一个或多个平面截切基本平面立体和基本曲面立体，可以产生复杂立体。截切的平面称为截平面。截平面与立体表面的交线称为截交线。截交线实质上是截切后立体的新轮廓线。截交线所围成的平面称为断面。

求截切后立体的投影基本方法如下。

（1）画出未切割基本体的投影（即原形投影）。

（2）依次画出每个截平面和立体表面产生截交线（即新轮廓线）的投影。

（3）整理轮廓线。在截切时，会破坏立体表面上原有轮廓线和转向轮廓线。要把被切掉的轮廓线和转向轮廓线的投影擦除。最终得到被截切后的立体投影。

小贴士

如果是多个截平面进行截切，注意不要漏求截平面相交而产生新轮廓线的投影。

第一节　平面与平面立体相交

平面与平面立体相交产生的截交线全部为直线，所以截交线投影转化为求两端点投影，然后判断可见性并用直线相连。

【例1】如图 5-1 所示，已知被侧垂面截切后的三棱锥侧面投影，补全其他两面投影。

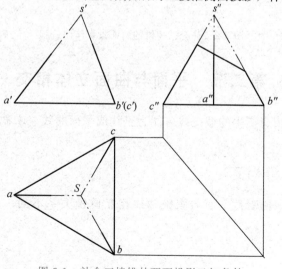

图 5-1　补全三棱锥的两面投影已知条件

分析：三棱锥被侧垂面截切，共产生 3 条截交线，端点为截平面与 3 条棱线交点。截交线侧面投影全部在侧垂截平面的积聚性投影上，属于已知，可直接标出。又因为平面立体的截交线为直线，问题转化为求截交线端点正面和水平投影，然后根据实际情况连接点的同面投影，并判断可见性，即得截交线其他两面投影。

作图过程：作图过程如图 5-2 所示。

（1）在截交线的侧面投影上标出端点投影 1″、2″和 3″。

（2）利用点的侧面投影和水平投影具有相同 Y 坐标值，以及点在线上，点的投影在线的投影上求出截交线端点水平投影 1、2 和 3。

（3）作过 1、2 和 3 的垂直投影连线，与棱线 SA、SB 和 SC 的交点，即为 1′、2′和 3′。

（4）3 条截交线的水平和正面投影都可见，所以根据实际情况连接 12、23、31 同面投影，并画粗实线，得到截交线正面和水平投影。

（5）整理轮廓线，擦除被截平面切去 1、2、3 点以上轮廓线三面投影，最终得到被截切后三棱锥完整正面和水平投影。

图 5-2 中双点划线表示立体未截切前轮廓线的投影。

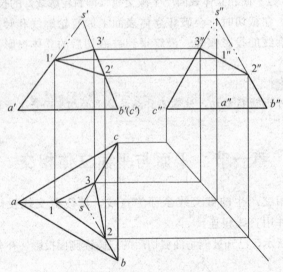

图 5-2 补全三棱锥的两面投影作图过程

第二节 平面与曲面立体相交

平面与曲面立体相交产生的截交线可能为直线或平面曲线。求截切后立体投影的方法同平面立体截切。

一、平面与圆锥相交

平面与圆锥相交，随着截平面与圆锥轴线相互位置关系不同，产生的截交线形状分 5 种，见表 5-1。

表 5-1 截平面与圆锥面相交的五种截交线

截交线形状	当截平面与轴线垂直时，交线为垂直轴线的圆	当截平面过锥顶时，交线为过锥顶的素线	当 $\theta > \varphi$ 时，截平面与轴线倾斜，交线为椭圆	当 $\theta = \varphi$ 时，截平面与轴线倾斜，交线为抛物线	截平面与轴线倾斜，且 $\theta < \varphi$ 时，或平行于轴线时，交线为双曲线
立体图					
投影图					

注：θ 为截平面与圆锥轴线夹角，φ 为 1/2 锥顶角。

【例 2】如图 5-3 所示，已知被正垂面截切后的圆锥投影，补全水平投影，补画侧面投影。

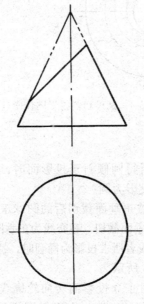

图 5-3 圆锥切割已知条件

分析：如图 5-3 所示为一圆锥被正垂面截切，截平面与轴线倾斜，对照表 5-1 可知，截交线为一椭圆。由于圆锥前后对称，所以此椭圆也一定前后对称，椭圆的长轴就是截平面与圆锥前后对称面的交线（正平线），其端点在最左、最右转向轮廓线上。而短轴则是通过长轴中点的正垂线。截交线的正面投影积聚为一直线，其水平投影和侧面投影通常为非圆曲线椭圆，采用表面取点法求。

作图过程：作图过程如图 5-4 所示。

（1）求特殊点投影。最低点Ⅰ、最高点Ⅱ是椭圆长轴的端点，也是截平线与圆锥相对正立投影面转向轮廓线（最左、最右素线）的交点，标出正面投影 1′、2′。过 1′和 2′采用水平纬圆辅助线作出水平投影 1、2，然后利用点的三面投影特性求出侧面投影 1″、2″。标出截交线与相对侧立投影面转向轮廓线（最前、最后素线）的交点正面投影 5′（6′），用相同方法求出水平和侧面投影。标出椭圆短轴的端点Ⅲ、Ⅳ点的正面上的投影 3′（4′），在 1′2′直线的中点处。求法同上。

（2）求一般点。在截交线上稀疏的位置添加一般点Ⅶ、Ⅷ两点，其他面投影求法同前。

（3）用光滑曲线依此连接各点同面投影，即得截交线的水平投影与侧面投影。

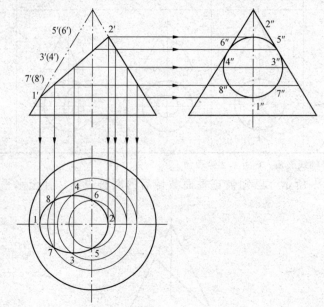

图 5-4　圆锥切割投影图作图过程

二、平面与球相交

平面与球的截交线总是圆。所得圆倾斜于投影面时，投影为椭圆；垂直于投影面时，投影为直线；平行于投影面时，投影为圆。

【例 3】如图 5-5 所示，已知被正垂面截切后的圆球正面投影，补全水平投影。

分析：如图 5-5 所示，球被正垂面截切，截交线为正垂圆。水平投影为非圆曲线椭圆，采用表面取点法。当求椭圆的投影，或者所求投影为椭圆时，特殊点必须要取长短轴的端点。

作图过程：作图过程如图 5-5 所示。

（1）特殊点取截交线与球相对正立投影面转向轮廓线交点Ⅰ、Ⅱ（最上、最下点）和与相对水平投影面转向轮廓线交点Ⅴ、Ⅵ。水平椭圆投影长轴端点对应点Ⅲ、Ⅳ（最前、最后点）。标出以上点的正面投影。

（2）过 1′、2′作垂直投影连线，交球相对正立投影面转向轮廓线水平位置，得 1、2。过 5′、6′作垂直投影连线，交球相对水平投影面转向轮廓线的水平投影，得 5 和 6。采用过 3′和 4′作水平纬圆的方法求出其水平投影。

（3）过 1、2、3、4、5、6 作光滑曲线连接，因可见，用粗实线。

（4）Ⅲ、Ⅳ往左相对水平投影面转向轮廓线被切除，其水平投影擦除，即得被截切球水平投影。

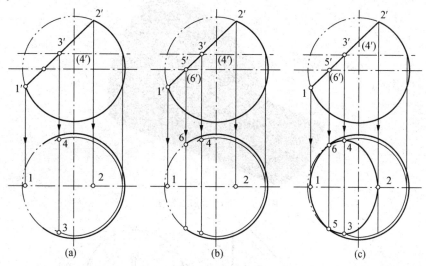

图 5-5 圆球切割投影图作图过程

三、平面与圆柱相交

平面与圆柱相交，随着截平面与圆柱轴线相互位置关系不同，产生的截交线形状分为圆、直线、椭圆 3 种，见表 5-2。

表 5-2 截平面与圆柱相交

位置	垂直于轴线	平行于轴线	倾斜于轴线
立体图			
投影图			
截交线形状	截交线为垂直于圆柱面轴线的圆	截交线为平行于圆柱面轴线的素线	截交线为倾斜于圆柱面轴线的椭圆

【例4】 如图5-6和图5-7所示，已知被水平面和正垂面截切后的圆柱投影，补全侧面投影，补画水平投影。

图 5-6　圆柱切割立体图

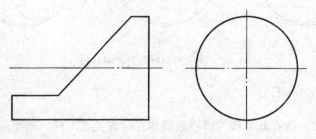

图 5-7　圆柱切割已知条件

分析：①圆柱被水平面所截，圆柱面上截交线为平行于轴线素线侧垂线；左端面上截交线为正垂线，其侧面投影未知；两个截平面交线为正垂的直线。采用立体表面上直线的投影求法，转化为求直线端点投影。②圆柱被正垂面所截，圆柱面上截交线为倾斜于轴线椭圆弧，其侧面投影为部分圆柱面积聚性投影，已知；水平投影为非圆曲线，采用表面取点法求。两个截平面正面投影都积聚为直线，所有截交线正面投影都在其上，为已知。侧面投影需要补全的是截交线12和34的投影。

作图过程：作图过程如图5-8所示。

（1）先求水平截平面产生的直线截交线的投影。在截交线已知的正面投影上标出直线端点投影1′、2′、3′和4′。

（2）过1′、2′、3′和4′作水平投影连线，交圆柱面侧面积聚性投影，得1″、2″、3″和4″。截交线12和34的侧面投影重合在一起，可见。1″和2″之间连接粗实线，即补全侧面投影。

（3）过1′、2′、3′和4′作垂直投影连线，并利用点的侧面投影和水平投影具有相同 Y 坐标值，求出点的水平投影 1、2、3 和 4。按实际连接情况，用粗实线连接 13、34、42、21。

（4）求正垂截平面产生椭圆弧的投影。在正面投影上，标出椭圆弧上特殊点和一般点的正面投影。5、6 点是与水平投影面转向轮廓线的交点，同时也是最前、最后极限点；7 是与正立投影面转向轮廓线的交点，同时是与自身对称轴的交点；3、4 是最左、最下极限点。5、6 和 7 之间距离稍大，补充一对一般点 8 和 9。

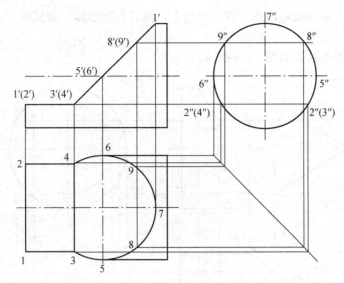

图 5-8　圆柱切割投影图作图过程

（5）过 3′到 9′作水平投影连线，与圆柱面侧面积聚性投影交点，即为 3 到 9 点侧面投影。

（6）过 3′到 9′作垂直投影连线，并利用点的侧面投影和水平投影具有相同 Y 坐标值，求出 3 点到 9 点的水平投影，判断可见性，并用光滑曲线顺次相连，得到椭圆弧水平曲线投影。

（7）整理轮廓线。圆柱被两个截平面所切，被切除 5、6 点向左相对水平投影面转向轮廓线，1、2 点向上轮廓线圆弧。擦除以上被切除轮廓线和转向轮廓线的水平投影，即得圆柱切割后的水平投影。

四、平面与组合回转几何体相交

平面与组合回转几何体相交时，与不同的面会产生不同的截交线，要找到衔接点，逐段求出其投影。

【例5】如图 5-9 所示，已知组合回转几何体被正垂面和水平面截切后的投影，求其水平投影。

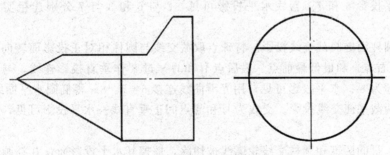

图 5-9　求组合回转几何体水平投影已知条件

分析：如图 5-9 所示，圆锥被水平面截切，截交线为双曲线一叶。正面、侧面投影为已知直线，水平投影为非圆曲线，采用表面取点法。圆柱面被水平面截切，截交线为侧垂素线。圆柱面被正垂面截切，截交线为椭圆弧，侧面投影已知，为圆弧；水平投影为非圆曲线，用表面取点法求。

作图过程：作图过程如图 5-10 所示。

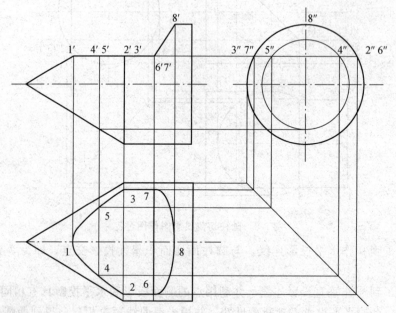

图 5-10　求组合回转几何体水平投影作图过程

（1）画出组合回转几何体水平投影。

（2）求双曲线截交线投影。特殊点取截交线与圆锥相对正立投影面转向轮廓线交点Ⅰ（最左点）和与圆锥底部圆弧轮廓线交点Ⅱ、Ⅲ（最前、最后点及最右点）。补充一般点Ⅳ、Ⅴ。标出以上点的正面投影。过 2′、3′作水平投影连线，与圆柱面侧面积聚性投影交点为 2″和 3″。利用点的三面投影特性，求出水平投影 1 和 2。过 1′作垂直投影连线，与轴线水平投影交点为 1。用侧平纬圆法求点Ⅳ、Ⅴ的侧面投影，然后利用点的三面投影特性，求水平投影。双曲线水平投影可见，用光滑曲线依次相连，得到曲线水平投影。

（3）求圆柱面素线截交线投影。素线为直线，转化为求端点Ⅱ、Ⅲ、Ⅳ和Ⅶ的投影。过 6′、7′作水平投影连线，与圆柱面侧面积聚性投影交点为 6″和 7″。利用点的三面投影特性，求出水平投影 6 和 7。素线水平投影可见，2 与 6 和 3 与 7 分别连粗实线。得水平投影。

（4）求圆柱面椭圆截交线投影。特殊点取截交线与圆柱相对正投影面转向轮廓线交点Ⅷ（最上、最右点）和最低最前点、最后点Ⅵ和Ⅶ。过 8′作垂直投影连线，与圆柱轴线水平投影交点即为 8″。水平投影可见，用光滑曲线连接 6、7、8，得椭圆水平曲线投影。

（5）求两截平面交线投影。交线为Ⅵ和Ⅶ点间正垂直线。水平投影可见，用粗实线连接 6、7 即得。

（6）Ⅱ、Ⅲ间圆锥和圆柱交线轮廓线被切除，擦掉其水平投影面，并补画露出的该轮廓线不可见部分虚线的水平投影。

第三节 立体与立体表面相交

立体和立体相交可以分为3类：两平面立体相交、平面立体和曲面立体相交、两曲面立体相交。

求两立体相交后形成的新的立体投影方法为：①分别求出两立体投影；②求出两立体相交表面的交线（相贯线）的投影；③整理轮廓线，得到由两个立体融合成的新立体的投影。

两立体相交表面的交线，称为相贯线，是融合而成新立体表面的新的轮廓线，是求新立体投影的关键。在整理轮廓线时，首先擦除因为两立体融合而消失的轮廓线、转向轮廓线投影；其次因为新立体遮挡情况发生变化，原立体轮廓线、转向轮廓线可见情况会发生变化，要正确处理其粗实线、虚线转化。

两平面立体相交，相贯线可以转化为平面截平面立体的截交线，求法同平面立体截交线。

平面立体与曲面立体相交，求相贯线投影可以转化为求平面截曲面立体的截交线方法，参见曲面立体截交线。

小贴士 ▶

本节主要介绍两曲面立体相交。

曲面立体与曲面立体相交，其相贯线可能为直线、曲线（平面曲线、空间曲线），求相贯线投影参见立体表面线的投影求法。两曲面立体相交中，最常见的是两回转几何体相交。

两圆柱表面相交，最常见的是正贯的形式。正贯是指两圆柱轴线垂直且相交。机件上常见的相贯线如图5-11所示。

(a)实实相贯　　　　(b)实虚相贯　　　　(c)虚虚相贯

图5-11 机件上常见的相贯线

相贯线是相交两立体表面的共有线和两立体表面的分界线，也是两个立体表面上一系列共有点的集合。因此，求相贯线的实质就是求两立体表面共有点的投影问题。相贯线一般为闭合的空间曲线，特殊情况下也可能是不闭合的平面曲线或直线。

当形成相贯线的一面为圆柱或两面为圆柱时，可以利用圆柱面的积聚性投影求相贯线投影。

【例6】如图5-12（a）所示，已知直径不等的两圆柱侧面投影和水平投影，补画其正面投影。

分析：如图5-12（a）所示，两直径不等的圆柱面相贯，交线为空间马鞍形曲线，围绕小圆柱一圈，其凸点凸向大圆柱轴线，属于两个圆柱面共有。铅垂圆柱面水平投影积聚为圆，所以相贯线水平投影为完整圆，侧垂圆柱面侧面投影积聚为圆，所以相贯线侧面投影为涉及小圆柱的那段圆弧。前半段和后半段相贯线正面投影重合在一起，为曲线，所以用表面取点法作图。

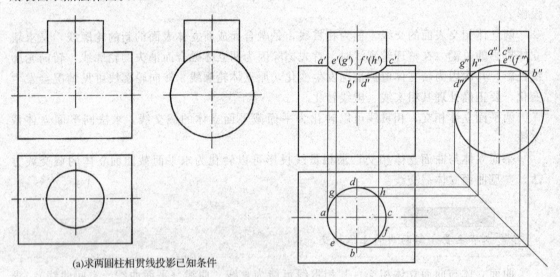

(a)求两圆柱相贯线投影已知条件

图5-12　求两圆柱相贯线正面投影

作图过程：作图过程如图5-12（b）所示。

（1）标明特殊点及一般点水平投影。首先取相贯线与所有转向轮廓线的交点A、B、C、D，标出其水平投影。取极限点和相贯线对称点。在点比较稀疏的位置标上一般点E、F、G、H，并标明水平投影。

（2）求相贯线的侧面投影。利用水平投影和侧面投影宽度相等的特性，求出特殊点侧面投影 a″、b″、c″、d″ 和一般点侧面投影 e″、f″、g″、h″。

（3）求特殊点和一般点正面投影。利用已知点的两面投影，求点的第三面投影的方法，作水平和垂直投影连线，求得特殊点和一般点的正面投影。

（4）用光滑曲线顺次相连 a′、e′、b′、f′ 和 c′，得到相贯线的正面图投影，为粗实线。

两圆柱相贯线除了可由外表面相交形成外，还可以由内外表面相交形成，内内表面相交形成。常见圆柱相贯线情况如图5-12所示。

<small>小贴士</small>

> 不等直径两圆柱面相贯，交线空间形状为空间马鞍形曲线，围绕小圆柱一圈，其凸点凸向大圆柱轴线。在两圆柱面轴线都平行的投影面上投影为曲线，用表面取点法求；在两圆柱面轴线垂直的投影面上投影为圆或圆弧。

等直径两圆柱相互完全穿过相交时，相贯线投影为相互垂直椭圆。在两圆柱面轴线都平行的投影面上投影为垂直相交两直线。在两圆柱面轴线垂直的投影面上投影为圆，如图5-13所示。常见等直径两圆柱相交相贯线投影见表5-3。

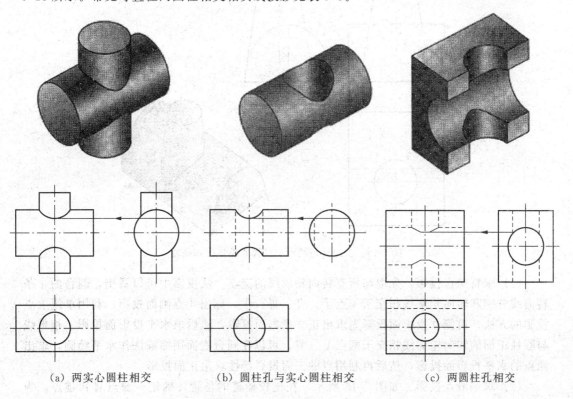

（a）两实心圆柱相交　　　（b）圆柱孔与实心圆柱相交　　　（c）两圆柱孔相交

图 5-13　两圆柱相贯线的常见情况

表 5-3　常见等直径两圆柱相贯线投影

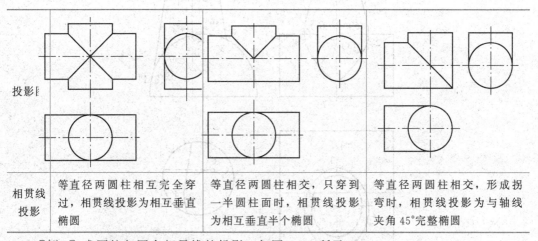

投影图			
相贯线投影	等直径两圆柱相互完全穿过，相贯线投影为相互垂直椭圆	等直径两圆柱相交，只穿到一半圆柱面时，相贯线投影为相互垂直半个椭圆	等直径两圆柱相交，形成拐弯时，相贯线投影为与轴线夹角45°完整椭圆

【例 7】求圆柱与圆台相贯线的投影，如图 5-14 所示。

分析：由投影图可知，圆柱与圆台的轴线垂直交叉，相贯线是一条左右对称的封闭的空间曲线。又因为圆柱轴线垂直于侧立投影面，所以相贯线的侧面投影已知，是涉及圆台的一段圆弧。需要求作相贯线的其余两面投影。

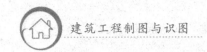

作图过程：作图过程如图 5-15 所示。

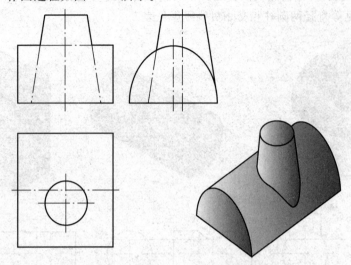

图 5-14　求圆柱与圆台相贯线的投影已知条件

（1）求特殊点投影。先取与所有转向轮廓线的交点。从投影中可以看出，圆台的 4 条转向线分别和转向轮廓线相交于 4 点Ⅰ、Ⅱ、Ⅲ、Ⅳ。标出 4 点侧面投影。利用求线上点投影的方法，由侧立投影面投影先求出正立投影面投影，然后求水平投影面投影。相贯线与圆柱正面的转向轮廓线相交于两点Ⅴ、Ⅵ，可以在圆台表面用纬圆法作水平纬圆，求出两点的水平投影面投影，然后再利用点的三面投影特性求出正面投影。

（2）求一般点投影。如图 5-15 所示，在比较稀疏的位置，确定一般点Ⅶ和Ⅷ点，为相贯线上相对侧立投影面重影点。并标出两点侧面投影 7″（8″），通过在圆台表面作水平纬圆辅助线，作出其水平投影面投影，然后求出正立投影面投影。

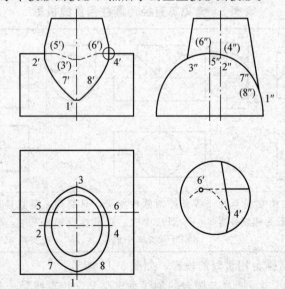

图 5-15　求圆柱与圆台相贯线的投影作图过程

（3）判断可见性。依次光滑连接水平投影和正面投影上的点。当两回转几何体表面都可见时，其上的交线才可见。所以相贯线的水平投影全部可见，画粗实线。正面投影面投影以 Ⅱ、Ⅳ 两点为分界点，分界点的前段可见，用粗实线依次光滑连接；分界点的后段不可见，用虚线依次光滑连接。

（4）整理轮廓线。从图 5-15 中放大部分可以看出，圆台相对正立投影面转向轮廓线应画到相贯线为止。圆柱相对于正投影转向轮廓线被圆台挡住部分不可见。

两曲面立体的相贯线在一般情况下为封闭的空间曲线，特殊情况下也可以是平面曲线或直线，如图 5-16 所示。相贯线是两曲面立体表面的共有线，相贯线上的点是两曲面立体表面的共有点。因此，求两曲面立体相贯线的实质为求两表面共有点的问题。相贯线的形状不仅取决于相贯两曲面立体的几何形状，而且与它们的相对位置有关。

> **小贴士** ▶
>
> 　　根据两曲面立体的形状和位置，求两曲面立体的相贯线可以利用表面取点法、辅助平面法或辅助球面法等方法。

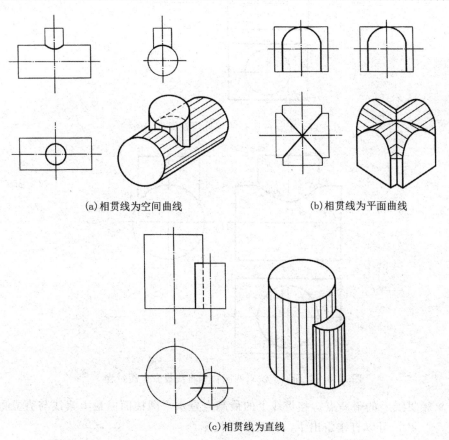

(a) 相贯线为空间曲线　　　　　　　　(b) 相贯线为平面曲线

(c) 相贯线为直线

图 5-16　两曲面立体相交

一、表面取点法

表面取点法是指当两相交曲面立体表面的某一投影有积聚性时，则相贯线在相应投影面上的投影重合在该积聚投影上。这时，就可用曲面立体表面取点法求得相贯线上的点。

【例8】如图5-17所示，求作两圆柱的相贯线投影。

分析：两圆柱的轴线垂直相交，直立圆柱贯入水平圆柱，相贯线为一封闭的空间曲线，且前后左右对称。在投影图中，由于两圆柱轴线分别垂直于H、W面，所以直立圆柱面的水平投影和水平圆柱面的侧面投影有积聚性，故相贯线的水平投影为圆，侧面投影为直立圆柱内的一段圆弧。

作图过程：作图过程如图5-18所示。

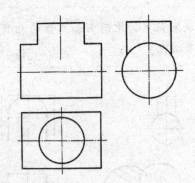

图5-17 求作两圆柱的相贯线投影已知条件

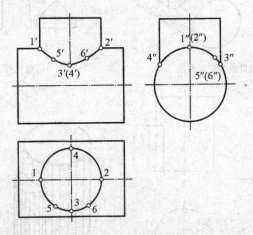

图5-18 表面取点法求两圆柱相贯线投影作图过程

（1）求相贯线上的最高点。相贯线上的最高点是水平圆柱面的最上素线与直立圆柱面的贯穿点Ⅰ、Ⅱ，可以直接定出Ⅰ、Ⅱ两点的投影。

（2）求相贯线上的最低点。相贯线上的最低点是直立圆柱面的最前、最后素线与大圆柱的贯穿点Ⅲ、Ⅳ，其投影也可直接定出。

（3）求一般点Ⅴ、Ⅵ。在水平投影中，在相贯线上任取点5和6，由此得侧面投影5″(6″)，进而作出5′和6′。

（4）连接各点。在正面投影中，依次光滑地连接1′、5′、3′(4′)、6′、2′各点，即为相贯线的正面投影，它是一条前后重合的曲线，画成实线。

二、辅助平面法

当两回转几何体的相交表面中有一个或都不具有积聚投影时，可采用辅助平面法求得相贯线。辅助平面法是利用三面共点原理求两曲面立体共有点的一种方法。通过作辅助平面，使其与两个曲面立体的表面相交，所得两条截交线的交点即为两曲面立体表面共有点。

> **小贴士**
>
> 为了使作图简便，选取辅助平面的原则如下：①辅助平面与两曲面立体截交线的投影都应是简单易画的图形，如圆或直线；②辅助平面应位于两曲面立体的共有区域内，否则共有点将无法找到。

【例 9】如图 5-19 所示，求作圆柱与圆锥台的相贯线投影。

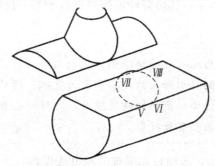

图 5-19　求作圆柱与圆锥台的相贯线投影已知条件

分析：相贯线为一闭合的空间曲线，因其具有共同的前后、左右对称平面，所以相贯线前后、左右对称。圆锥面的投影无积聚性，圆柱面的侧面投影具有积聚性，故相贯线只有侧面投影已知，其正面投影和水平投影均需求作，在此采用辅助平面法解题。

作图过程：作图过程如图 5-20 所示。

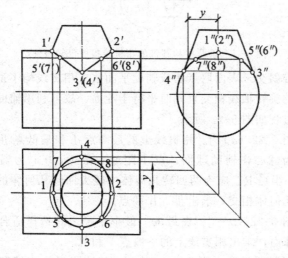

图 5-20　辅助平面法求圆柱与圆锥台的相贯线投影作图过程

（1）求特殊位置点。最高点Ⅰ、Ⅱ和最低点Ⅲ、Ⅳ。由已知的侧面投影1″、（2″）、3″、4″可直接作得正面投影1′、2′、3′、4′和水平投影1、2、3、4。

（2）求一般位置点。在适当位置以水平面为辅助平面截切两回转几何体，截得的截交线分别为两直线和圆。它们的交点Ⅴ、Ⅵ、Ⅶ、Ⅷ即为相贯线上的一般点。作各点所在水平圆的水平投影，并由已知侧面投影7″、（8″）、5″、（6″）在其上作出7、8、5、6，最后求出5′（7′）、6′（8′）。

（3）在水平投影上依次光滑连接1、5、3、6、2、8、4、7、1各点，即得相贯线的水平投影；在正面投影上依次光滑连接1′、5′（7′）、3′（4′）、6′（8′）、2′各点，即得相贯线的正面投影。

三、辅助球面法

如果辅助球面和曲面立体交线的投影简单易画，也可以利用辅助球面法求两曲面立体的相贯线。利用辅助球面法求两曲面立体的相贯线必须具备下列条件：①两曲面立体都是回转几何体，并且旋转轴相交；②两旋转轴同时平行于某一投影面。

> **小贴士** ▶
>
> 以两旋转轴的交点为球心作辅助球面，球面与两回转面的交线各为一纬圆，两纬圆在两旋转轴都平行的投影面上的投影积聚为直线。两纬圆的交点即为两回转几何体相贯线上的点。通过作一系列的辅助球面，可得一些相贯线上的点，依次光滑连接即得两回转几何体的相贯线投影。

【例10】如图5-21所示，求圆柱和圆锥的相贯线投影。

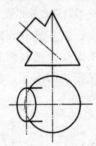

图5-21　求圆柱和圆锥的相贯线投影已知条件

分析：圆柱与圆锥斜交，表面取点法或辅助平面法求相贯线均不适用。由于两立体都是回转几何体，它们的旋转轴线相交且同时平行于5面，故可利用辅助球面法求解。

作图过程：作图过程如图5-22所示。

（1）求特殊点［图5-22（a）］。相贯线上的最高点Ⅰ和最低点Ⅱ可由投影图直接定出。以两轴线的交点为球心作辅助球面，点Ⅰ距球心最远，$0'1'$为辅助球面的最大半径 R_{max}，辅助球面的最小半径 R_{min} 应为两回转几何体中较大回转几何体的内切球半径。用最小辅助球面与两回转几何体相交，求出Ⅲ、Ⅳ两点。

（2）求一般点［图5-22（b）］。在最大、最小半径之间选择适合半径，以两轴线交点为球心，作一辅助球面，求出相贯线上的一般点Ⅴ和Ⅵ。

（3）连接各点并判别可见性［图5-22（c）］。依次光滑地连接即为相贯线的正面投影。在连接过程中求出圆柱最前、最后素线上的共有点Ⅶ、Ⅷ的正面投影7′（8′），进而求出其水平投影7、8。7、8就是相贯线水平投影可见与不可见的分界点。在水平投影中依次光滑地连接7、6、1、5、8，可见，为实线；依次光滑地连接8、4、2、3、7，不可见，为虚线。在正面投影中，可见部分与不可见部分重合，只画实线。

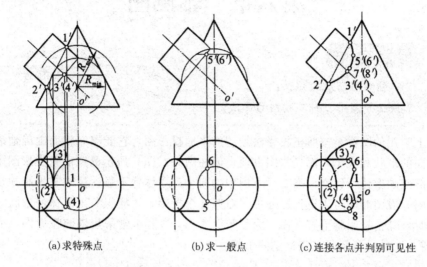

(a)求特殊点　　　　(b)求一般点　　　　(c)连接各点并判别可见性

图 5-22　辅助球面法求圆柱与圆锥相贯线投影作图过程

第六章 轴测图

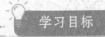

学习目标

1. 了解轴测图的基本知识；
2. 掌握正等测图、斜二测图的画法。

工程上常用的图样是按照正投影法绘制的多面投影图，它能够完整而准确地表达出形体各个方向的形状和大小，而且作图方便。但在图6-1（a）所示的三面正投影图中，每个投影图只能反映形体长、宽、高3个方向中的两个，立体感不强，故缺乏投影知识的人不易看懂，因为看图时需运用正投影原理，对照几个投影，才能想象出形体的形状结构。当形体复杂时，其正投影就更难看懂。为了帮助看图，工程上常采用轴测投影图（简称轴测图），如图6-1（b）所示，来表达空间形体。

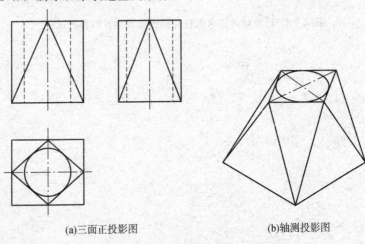

(a)三面正投影图   (b)轴测投影图

图 6-1 三面正投影图与轴测投影图

轴测图是一种富有立体感的投影图，因此也被称为立体图。它能在一个投影面上同时反映出空间形体3个方向上的形状结构，可以直观形象地表达客观存在或构想的三维物体，接近于人们的视觉习惯，一般人都能看懂。但由于它属于单面投影图，有时对形体的表达不够全面，而且其度量性差，作图较为复杂，因而它在应用上有一定的局限性，常作为工程设计和工业生产中的辅助图样，当然，由于其自身的特点，在某些行业中应用轴测图的机会正逐渐增多。

第一节 轴测图的基本知识

轴测投影属于平行投影的一种，它是用平行投影法沿某一特定方向（一般沿不平行于任一坐标面的方向），将空间形体连同其直角坐标系一起投射在单一投影面上而得到的投影，如图 6-2 所示。这个选定的投影面（P）称为轴测投影面，S 表示投射方向，用这种方法在轴测投影面上得到的图形称为轴测投影图，简称轴测图。

一、轴测投影的基本概念

1. 轴向伸缩系数

在轴测图中平行于轴测轴 OX、OY、OZ 的线段，与对应的空间物体上平行于坐标轴 OX、OY、OZ 的线段的长度之比，即物体上线段的投影长度与其实长之比，称为轴向伸缩系数（或称轴向变形系数）。OX、OY、OZ 3 个方向上的轴向伸缩系数分别用 p、q、r 来表示。

> **小贴士**
>
> 在轴测投影中，由于确定空间物体的坐标轴以及投射方向与轴测投影面的相对位置不尽相同，因此轴测图可以有无限多种，得到的轴间角和轴向伸缩系数各不相同。所以，轴间角和轴向伸缩系数是轴测图绘制中的两个重要参数。

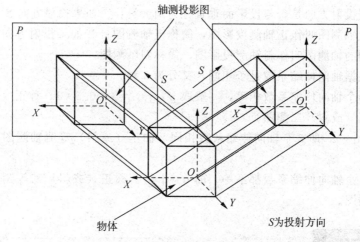

图 6-2 轴测投影图的形成

2. 轴测轴

如图 6-2 所示，表示空间物体长、宽、高 3 个方向的直角坐标轴 OX、OY、OZ，在轴测投影面上的投影依然记为 OX、OY、OZ，称为轴测轴。

3. 轴间角

如图 6-2 所示，相邻两轴测轴之间的夹角∠YOX、∠ZOY、∠XOZ 称为轴间角。3 个轴间角之和为 360°。

二、轴测轴的设置

画物体的轴测图时，先要确定轴测轴，然后再根据该轴测轴作为基准来画轴测图。轴测图中的 3 根轴测轴应配置成便于作图的位置，OZ 轴表示立体的高度方向，应始终处于铅垂的位置，以便符合人们观察物体的习惯。

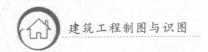

轴测轴可以设置在物体之外，但一般常设在物体内，与主要棱线、对称中心线或轴线重合。绘图时，轴测轴随轴测图画出，也可省略不画。

三、轴测投影的特点

轴测投影仍是平行投影，所以它具有平行投影的一切属性。

（1）沿轴测量性。轴测投影的最大特点就是：必须沿着轴测轴的方向进行长度的度量，这也是轴测图中的"轴测"两个字的含义。

（2）定比性。物体上与坐标轴平行的线段，其轴测投影具有与该相应轴测轴相同的轴向伸缩系数，其轴测投影的长度等于该线段与相应轴向伸缩系数的乘积。与坐标轴倾斜的线段（非轴向线段），其轴测投影就不能在图上直接度量其长度，求这种线段的轴测投影，应该根据线段两端点的坐标，分别求得其轴测投影，再连接成直线。

（3）平行性。物体上互相平行的两条线段在轴测投影中仍互相平行，所以与坐标轴平行的线段，其轴测投影仍平行于相应的轴测轴。

四、轴测投影图的分类

轴测投影按投射方向是否与投影面垂直分为两大类：①如果投射方向 S 与投影面 P 垂直，则所得到的轴测图叫作正轴测投影图，简称正轴测；②如果投射方向 S 与投影面 P 倾斜，则所得到的轴测图叫作斜轴测投影图，简称斜轴测。

每大类再根据轴向伸缩系数是否相同，又分为 3 种。

（1）若有两个轴向伸缩系数相等，一般取 p：q：r＝1：0.5：1，称正（或斜）二等测轴测图，简称正（或斜）二测图。

（2）若 p＝q＝r，即 3 个轴向伸缩系数相同，称正（或斜）等测轴测图，简称正（或斜）等测图。

（3）如果 3 个轴向伸缩系数都不等，即 p≠q≠r，称正（或斜）三等测轴测图，简称正（或斜）三测图。

> **小贴士**
>
> 国家标准中还推荐了 3 种作图比较简便的轴测图，即正等测轴测图、正二等测轴测图、斜二等测轴测图 3 种标准轴测图。工程上用得较多的是正等测轴测图和斜二等测轴测图，本章将重点介绍正等测轴测图（正等测图）的作图方法，简要介绍斜二等测轴测图（斜二测图）的作图方法。

第二节　正等测图

一、正等测图的形成

由正等测图的概念可知，其 3 个轴的轴向伸缩系数相等，即 p＝q＝r。因此，要想得到正等测轴测图，需将物体放置成使它的 3 个坐标轴与轴测投影面具有相同的夹角的位置，然后用正投影方法向轴测投影面投射，如图 6-3 所示，这样得到的物体的投影，就是其正等测轴测图，简称正等测图。

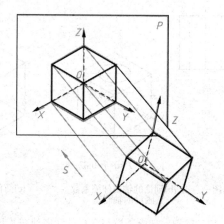

图 6-3 正等测图的形成

二、正等测图的参数

1. 轴向伸缩系数

正等测图的 3 个轴的轴向伸缩系数都相等，即 p＝q＝r，所以在图 6-4 中的 3 个轴与轴测投影面的倾角也应相等。根据这些条件用解析法可以证明它们的轴向伸缩系数 p＝q＝r≈0.82，如图 6-4（b）所示。

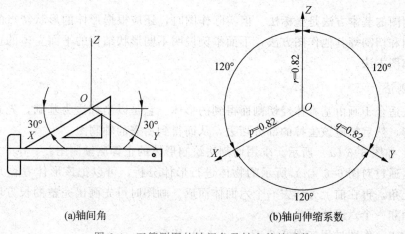

(a)轴间角   (b)轴向伸缩系数

图 6-4 正等测图的轴间角及轴向伸缩系数

在画物体的轴测投影图时，常根据物体上各点的直角坐标，乘以相应的轴向伸缩系数，得到轴测坐标值后，才能进行画图。因而画图前需要进行烦琐的计算工作。当用 $p_1＝q_1＝r_1＝0.82$ 的轴向伸缩系数绘制物体的正等轴测图时，需将每一个轴向尺寸都乘以 0.82，这样画出的轴测图为理论的正等测轴测图，如图 6-5（a）所示为一立体的三视图，用上述轴间角和轴向伸缩系数画出的该立体的正等测轴测图，如图 6-5（b）所示。

为了简化作图，常将 3 个轴的轴向伸缩系数取为 1，以此代替 0.82，把系数 1 称为简化的轴向伸缩系数，OX、OY、OZ 3 个方向上简化后的轴向伸缩系数分别用 p、q、r 来表示。运用简化后的轴向伸缩系数画出的轴测图与按实际的轴向伸缩系数画出的轴测图相比，形状无异，只是图形在各个轴向方向上放大了 1/0.82≈1.22 倍，如图 6-5（c）所示。

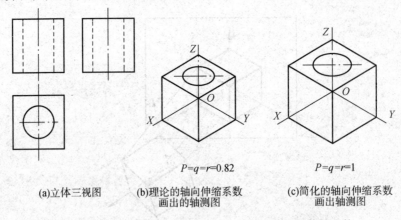

(a)立体三视图   (b)理论的轴向伸缩系数   (c)简化的轴向伸缩系数

画出的轴测图   画出轴测图

图 6-5   理论的轴向伸缩系数与简化的轴向伸缩系数的比较

2. 轴间角

因为物体放置的位置使得它的 3 个坐标轴与轴测投影面具有相同的夹角，所以正等测图的 3 个轴间角相等且∠XOZ＝∠ZOY＝∠YOX＝120°。在画图时，要将 OZ 轴画成竖直位置，OX 轴和 OY 轴与水平线的夹角都是 30%，因此可直接用丁字尺和三角板作图，如图 6-4（a）所示。

三、平面立体的正等测图的基本画法

画轴测图的基本方法是坐标法。但实际作图时，还应根据形体的形状特点的不同而灵活采用叠加和切割等其他作图方法，下面举例说明不同形状结构的平面立体的正等测图的几种具体作图方法。

1. 切割法

切割法适合于画由基本体经切割而得到的形体。它是以坐标法为基础，先画出基本体的轴测投影，然后把应该去掉的部分切去，从而得到所需的轴测图。

【例 1】如图 6-6（a）所示，求用切割法绘制形体的正等测轴测图。

分析：通过对图 6-6（a）所示的物体进行形体分析，可以把该形体看作是由一长方体斜切左上角，再在前上方切去一个六面体而成。画图时可先画出完整的长方体，然后再切去一斜角和一个六面体而成。

作图过程：作图过程如图 6-6（b）—（d）所示。

（1）确定坐标原点及坐标轴，如图 6-6（a）所示。

（2）画轴测轴，根据给出的尺寸作出长方体的轴测图，然后再根据 20 mm 和 30 mm 作出斜面的投影，如图 6-6（b）所示。

（3）沿 Y 轴量尺寸 20 mm 作平行于 XOZ 面的平面，并由上往下切，沿 Z 轴量取尺寸 35 mm 作 XOY 面的平行面，并由前往后切，两平面相交切去一角，如图 6-6（c）所示。

（4）擦去多余的图线，并加深图线，即得物体的正等测轴测图，如图 6-6（d）所示。

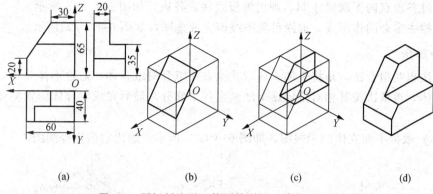

图 6-6 用切割法画正等测轴测图（单位：mm）

2. 坐标法

坐标法是根据形体表面上各顶点的空间坐标，沿轴测方向度量并画出它们的轴测投影，然后依次连接成形体表面的轮廓线，即得该形体的轴测图。

【例2】根据正六棱柱的主、俯投影［图6-7（a）］所示，作出其正等测图。

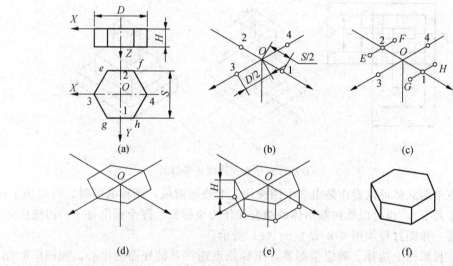

图 6-7 用坐标法画正六棱柱的正等测图（单位：mm）

分析：首先要看懂两投影，想象出正六棱柱的形状大小。由图6-7（a）可以看出，正六棱柱的前后、左右都对称，因此，选择顶面（也可选择底面）的中点作为坐标原点，并且从顶面开始作图。

作图过程：作图过程如图 6-7（b）—（f）所示。

（1）在正投影图上确定坐标系，选取顶面（也可选择底面）的中点作为坐标原点，如图 6-7（a）所示。

（2）画正等测图轴测轴，根据尺寸 S、D 定出顶面上的Ⅰ、Ⅱ、Ⅲ、Ⅳ4个点，如图 6-7（b）所示。

（3）过Ⅰ、Ⅱ两点作直线平行于 OX，在所作两直线上各截取正六边形边长的一半，得顶面的 4 个顶点 E、F、G、H，如图 6-7（c）所示。

（4）连接各顶点如图 6-7（d）所示。

（5）过各顶点向下取尺寸 H，画出侧棱及底面各边，如图 6-7（e）所示。

（6）擦去多余的作图线，加深可见图线即完成全图，如图 6-7（f）所示。

3. 叠加法

叠加法也叫组合法，是将叠加式或以其他方式组合的组合体，通过形体分析，分解成几个基本体，再依次按其相对位置逐个地画出各个部分，最后完成组合体的轴测图的作图方法。

【例3】根据平面立体的两视图，如图 6-8（a）所示，画出它的正等测图。

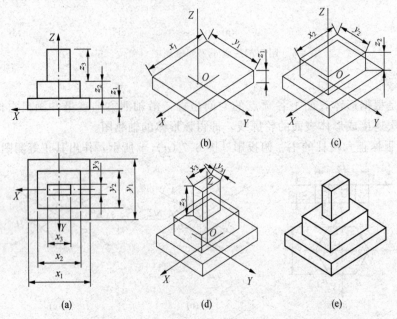

图 6-8 用叠加法画平面立体的正等测图

分析：该平面立体可以看作是由 3 个四棱柱上下叠加而成，画轴测图时，可以由下而上（或者由上而下），也可以取两基本体的结合面作为坐标面，逐个画出每一个四棱柱体。

作图过程：作图过程如图 6-8（b）—（e）所示。

（1）在正投影图上选择、确定坐标系，坐标原点选在基础底面的中心，如图6-8（a）所示。

（2）画轴测轴。根据 X_1、Y_1、Z_1 作出底部四棱柱的轴测图，如图6-8（b）所示。

（3）将坐标原点移至底部四棱柱上表面的中心位置，根据 X_2、Y_2 作出中间四棱柱底面的 4 个顶点，并根据 Z_2 向上作出中间四棱柱的轴测图，如图 6-8（c）所示。

（4）将坐标原点再移至中间四棱柱上表面的中心位置，根据 X_3、Y_3 作出上部四棱柱底面的 4 个顶点，并根据 Z_3 向上作出上部四棱柱的轴测图，如图 6-8（d）所示。

（5）擦去多余的作图线，加深可见图线即完成该平面立体的正等测图，如图 6-8（e）所示。

四、回转几何体的正等测图的基本画法

1.平行于坐标平面的圆的正等测图画法

在平行投影中，当圆所在的平面平行于投影面时，它的投影反映实形，依然是圆。而如图 6-9 所示的各圆，虽然它们都平行于坐标面，但 3 个坐标面或其平行面都不平行于相应的轴测投影面，因此它们的正等测轴测投影就变成了椭圆。

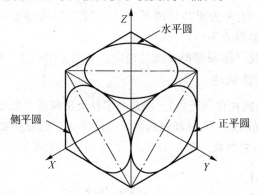

图 6-9 平行于坐标平面的圆的正等测图

把平行于坐标面 XOZ 的圆叫作正平圆，平行于坐标面 ZOY 的圆叫作侧平圆，平行于坐标面 XOY 的圆叫作水平圆。它们的正等测图的形状、大小和画法完全相同，只是长短轴的方向不同，从图 6-9 中可以看出，各椭圆的长轴与垂直于该坐标面的轴测轴垂直，即与其所在的菱形的长对角线重合，长度约为 1.22d（d 为圆的直径）；而短轴与垂直于该坐标面的轴测轴平行，即与其所在的菱形的短对角线重合，长度约 0.7d。

当画正等测图中的椭圆时，通常采用近似方法画出。现以平行于 H 面的圆（水平圆）为例，如图 6-10（a）所示。作图方法如下。

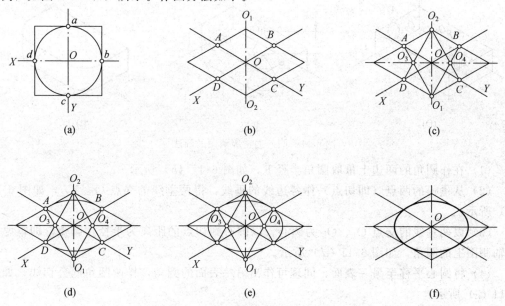

图 6-10 平行于坐标平面的圆的正等测图的近似画法

（1）过圆心沿轴测轴方向 OX 和 OY 作中心线，截取半径长度，得椭圆上 4 个点 B、D 和 A、C，然后画出外切正方形的轴测投影（菱形），如图 6-10（b）所示。

（2）菱形短对角线端点为 O_1、O_2。连 O_1A、O_1B，它们分别垂直于菱形的相应边，并交菱形的长对角线于 O_3、O_4，得 4 个圆心 O_1、O_2、O_3、O_4，如图 6-10（c）所示。

（3）以 O_1 为圆心，O_1A 为半径作圆弧 AB，又以 O_2 为圆心，作另一圆弧 CD，如图 6-10（d）所示。

（4）以 O_3 为圆心，O_3A 为半径作圆弧 AD，又以 O_4 为圆心，作另一圆弧 BC。所得近似椭圆，即为所求，如图 6-10（e）所示。

（5）擦去多余的图线，描深即得要画的椭圆，如图 6-10（f）所示。

2. 圆角的正等测图的画法

1/4 的圆柱面，称为圆柱角（圆角）。圆角是零件上出现概率最多的工艺结构之一。圆角轮廓的正等测图是 1/4 椭圆弧。实际画圆角的正等测图时，没有必要画出整个椭圆，而是采用简化画法。以带有圆角的平板［图 6-11（a）］为例，其正等测图的画图步骤如下。

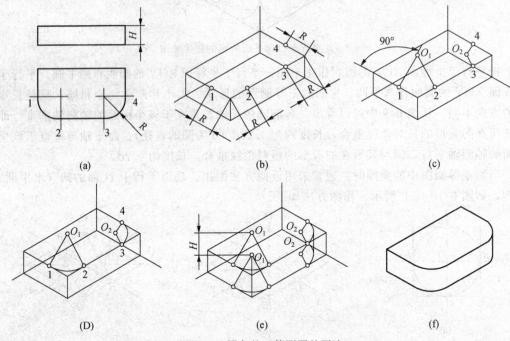

图 6-11　圆角的正等测图的画法

（1）在作圆角的两边上量取圆角半径 R，如图 6-11（b）所示。

（2）从量得的两点（即切点）作各边线的垂线，得两垂线的交点 O_1、O_2，如图 6-11（c）所示。

（3）以两垂线的交点 O_1、O_2 为圆心，以圆心到切点的距离为半径作圆弧，即得要作的轴测图上的圆角，如图 6-11（d）所示。

（4）将圆心平移至另一表面，同理可作出另一表面的圆角，作两圆角的公切线，如图 6-11（e）所示。

（5）检查、描深，擦去多余的图线并完成全图，如图 6-11（f）所示。

3. 回转几何体的正等测图画法

掌握了平行于坐标平面的圆的正等测图画法，就不难画出各种轴线垂直于坐标平面的圆柱、圆锥及其组合体的轴测图。

【例 4】 作出图 6-12（a）所示圆柱切割体的正等测图。

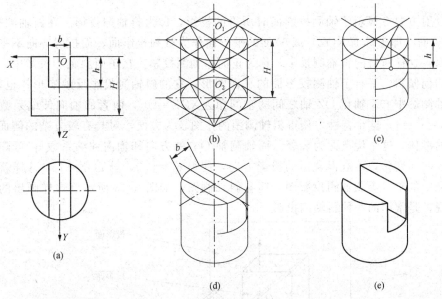

图 6-12　画圆柱切割体的正等测图

分析： 该形体由圆柱体切割而成。可先画出切割前圆柱的轴测投影，然后根据切口宽度 b 和深度 h，画出槽口轴测投影。为作图方便和尽可能减少作图线，作图时选顶圆的圆心为坐标原点，连同槽口底面在内该形体共有 3 个位置的水平面，在画轴测图时要注意定出它们的正确位置。

作图过程： 作图过程如图 6-12（b）—（e）所示。

（1）在正投影图上确定坐系，如图 6-12（a）所示。

（2）画轴测轴，用近似画法画出顶面椭圆。根据圆柱的高度 H 定出底面椭圆的圆心位置 O_2。将各连接圆弧的圆心下移 H，圆弧与圆弧的切点也随之下移，然后作出底面近似椭圆的可见部分，如图 6-12（b）所示。

（3）作为上述两椭圆相切的圆柱面轴测投影的外形线。再由 h 定出槽口底面的中心，并按上述的移心方法画出槽口椭圆的可见部分，如图 6-12（c）所示。作图时注意这一段椭圆由两段圆弧组成。

（4）根据宽度 b 画出槽口，如图 6-12（d）所示。切割后的槽口如图 6-12（e）所示。

（5）整理加深，即完成该立体的正等测图。

建筑工程制图与识图

第三节　斜二测图

一、斜二测图的形成

当投射方向 S 倾斜于轴测投影面时所得的投影，称为斜轴测投影。在斜轴测投影中，通常以 V 面（即坐标面 XOZ）或 V 面的平行面作为轴测投影面，而投射方向不平行于任何坐标面，这样所得的斜轴测投影，称为正面斜轴测投影。在正面斜轴测投影中，不管投射方向如何倾斜，平行于轴测投影面的平面图形，它的斜轴测投影反映实形。也就是说，正面斜轴测图中 OX 轴和 OZ 轴之间的轴间角 $\angle XOZ=90°$，两者的轴向伸缩系数都等于 1，即 $p_1=r_1=1$。这个特性，使得斜轴测图的作图较为方便，对具有较复杂的侧面形状或为圆形的形体，这个优点尤为显著。而轴测轴 OY 的方向和轴向伸缩系数 q_1 可随着投影方向的改变而变化，可取得合适的投影方向，使得 $q_1=0.5$，$\angle YOZ=135°$这样就得到了国家标准中的斜二等测轴测投影图，简称斜二测图，如图 6-13 所示。这样画出的轴测图较为美观，是常用的一种斜轴测投影。

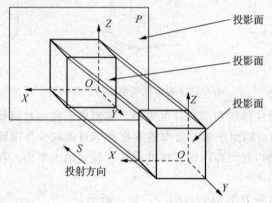

图 6-13　斜二等测轴测图的形成

二、斜二测图的参数

1. 轴向伸缩系数

3 个方向上的轴向伸缩系数分别为 $p_1=r_1=1$，$q_1=0.5$，不必再进行简化。如图 6-14（a）所示，轴间角 $\angle XOY=135°$；如图 6-14（b）所示，轴间角 $\angle XOY=45°$。这两种画法的斜二测图都较为美观，但前者更为常用。

2. 轴间角

将 OZ 轴竖直放置，所以斜二测图的 3 个轴间角分别为 $\angle XOZ=90°$、$\angle ZOY=\angle YOX=135°$。如图 6-14（$a$）所示。

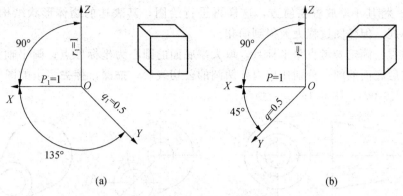

(a)

(b)

图 6-14 斜二测图的轴间角和轴向伸缩系数

三、斜二测图的画法

1. 平行于坐标面的圆的斜二测图的画法

平行于坐标面 XOZ 的圆（正平圆）的斜二测图反映实形，仍是大小相同（圆的直径为 d）的圆。平行于坐标面 XOY（水平圆）和 YDZ（侧平圆）的圆的斜二测图是椭圆。其中两椭圆的长轴长度约为 1.067d，短轴长度约为 0.33d。其长轴分别与 OX 轴、OZ 轴约成 7°，短轴与长轴垂直，如图 6-15（a）所示。斜二测图中的正平圆可直接画出，但水平圆和侧平圆的投影为椭圆时，其画法与正等测图中的椭圆一样，通常采用近似方法画出。以水平圆为例，其画法如图 6-15（b）所示。

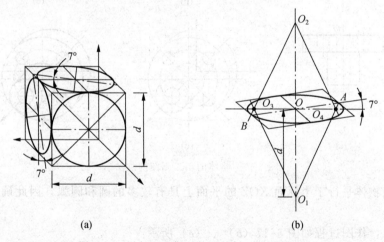

(a)

(b)

图 6-15 平行于坐标面的圆的斜二测图的画法

2. 斜二测图的画法举例

由以上分析可知，物体上只要是平行于坐标面 XOZ 的直线、曲线或其他平面图形，在斜二测图中都能反映其实长或实形。因此，在作轴测投影图时，当物体上的正面形状结构较复杂，具有较多的圆和曲线时，采用斜二测图作图就会方便得多。

【例 5】作出带圆孔的圆台［图 6-16（a）］的斜二测图。

分析：带孔圆台的两个底面分别平行于侧平面，由上述知识可知，其斜二测图均为椭圆，作图较为烦琐。为方便作图，可将图中所示物体的位置在 XOY 坐标面内沿逆时针方

向旋转 90°，将其小端放置在前方，这样再进行绘图，其表达的物体形状结构并未改变，只是方向不同，但作图过程大大得到简化。

作图过程：确定参考直角坐标系，取大端底面的圆心为坐标原点；画出轴测轴；依次画出表示前后底面的圆；分别作出内外两圆的公切线后，描深，擦去多余的图线并完成全图，如图 6-16（b）、图 6-16（c）所示。

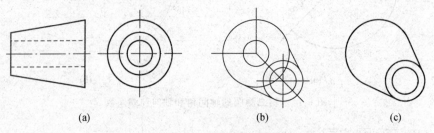

(a) (b) (c)

图 6-16 带圆孔的圆台的斜二测图的画法

【例 6】作出如图 6-17（a）所示的法兰盘的轴测图。

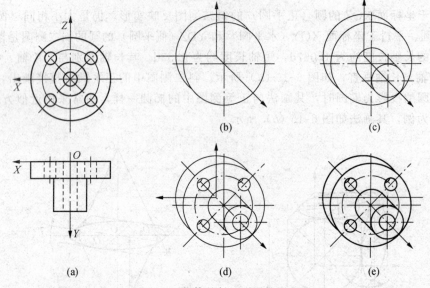

(a) (b) (c) (d) (e)

图 6-17 物体的斜二测图的画法

分析：该物体平行于坐标面 XOZ 的平面上具有较多的圆和圆弧，因此确定采用斜二测图。

作图过程：作图过程如图 6-17（b）—（e）所示。

（1）确定参考直角坐标系，取法兰盘后表面的中心作为坐标原点，如图 6-17（a）所示。

（2）画出斜二测轴测轴及后端的圆柱板，如图 6-17（b）所示。

（3）画出前端的小圆柱，如图 6-17（c）所示。

（4）画出圆柱板上的 4 个圆孔及小圆柱上的圆孔，如图 6-17（d）所示。

（5）检查，擦去多余的图线并描深，完成全图，如图 6-17（e）所示。

第七章　组合体

1. 掌握组合体的形体分析；
2. 掌握组合体投影的画法；
3. 掌握组合体投影图上的尺寸标注；
4. 学会读组合体的投影。

　　任何复杂的机械零件，从形体构成来看，都是由一些基本几何体通过切割和叠加组合而成的。这些由基本几何体通过切割和叠加组合而成的物体称为组合体。本章主要讲述组合体的形体分析、组合体投影的画法、组合体投影图上的尺寸标注以及读组合体投影。

第一节　组合体的形体分析

要想掌握组合体投影的画法并读懂组合体投影，必须了解组合体的类型以及表面连接关系。

一、组合体的类型

组合体有 3 种类型，即叠加类组合体、切割类组合体和综合类组合体。

1. 叠加类组合体

由几个基本几何体叠加而成的组合体称为叠加类组合体，如图7-1（a）所示。

2. 切割类组合体

在一个基本几何体上切去某些形体而形成的组合体称为切割类组合体，如图 7-1（b）所示。

3. 综合类组合体

既有叠加又有切割的组合体称为综合类组合体，如图 7-1（c）所示。

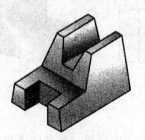

（a）叠加类组合体　　　（b）切割类组合体　　　（c）综合类组合体

图 7-1　组合体的类型

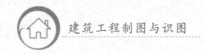
二、组合体的表面连接关系

组合体是由若干基本体按照一定的组合形式组合而成的，因此，构成整体的各形体表面之间必定存在着一定的表面连接关系。

> **小贴士**
>
> 表面连接关系反映了组合体各部分的相对关系。组合体中各表面的连接关系可归纳为错位、共面、相交、相切 4 种情况。

1. 错位

错位是指同方向的两表面不平齐，即两表面不在同一平面内，两相邻表面之间有分界线，如图 7-2 所示。

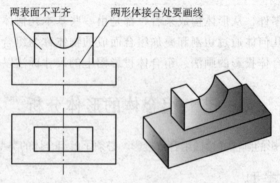

图 7-2　两立体错位

2. 共面

共面是指同方向的两表面平齐，即两立体表面处于同一平面内，两相邻表面之间无分界线，如图 7-3 所示。

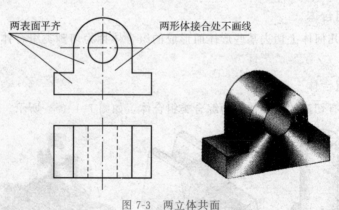

图 7-3　两立体共面

3. 相交

相交是指相邻两表面之间在相交处产生交线（截交线或相贯线），如图 7-4 所示。

4. 相切

相切是指相邻两表面（平面与曲面或曲面与曲面）光滑过渡，在相切处不存在轮廓线，即在投影上的相切处不画线，如图7-5所示。

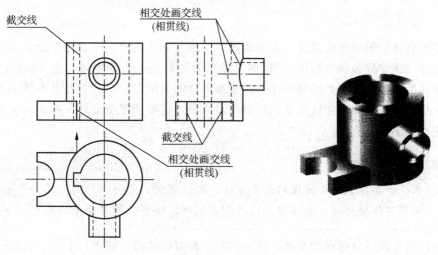

图7-4 两立体相交

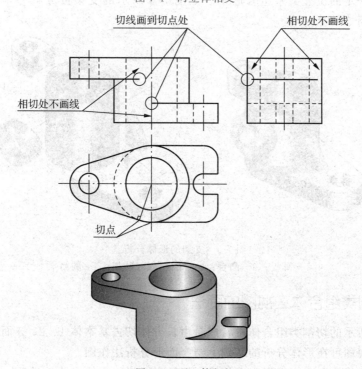

图7-5 两立体相切

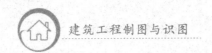

第二节　组合体投影的画法

一、形体分析法

由于组合体的形状比较复杂，为了画图、读图及标注尺寸，可设想把组合体分解成若干简单部分（通常称为简单形体）。这些简单部分可以是一个基本体，也可以是基本体经截切、挖孔后形成的不完整的基本体，或是基本体的简单组合。分析各基本体的形状、相对位置、组合形式及表面连接关系，从而变难为易，这种把复杂形体分解成若干基本体的分析方法称为形体分析法。

> **小贴士**
>
> 　　形体分析法是画图与读图的基本方法，概括地讲，是一种"先分后合"的分析方法。掌握形体分析法，能够建立一种形象思维，培养画图与读图的能力。

复杂的组合体可分解成若干基本体，因此，画组合体的三视图，实际上就是把各基本体的三视图按一定的位置关系组合起来。如图 7-6 所示的支架可分解为耳板、凸台、底板、肋板和圆筒 5 部分。

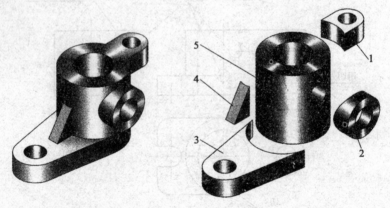

图 7-6　支架的形体分析
1—耳板；2—凸台；3—底板；4—肋板；5—圆筒

二、切割类组合体三视图的画法

如图 7-7 所示的切割类组合体可看成是由长方体切去基本体 1、2、3 而形成的。切割类组合体的三视图可在形体分析的基础上结合面形分析法作图。

所谓面形分析法，是指根据表面的投影特性来分析组合体表面的性质、形状和相对位置，从而完成画图和读图的方法。

画切割类组合体三视图的作图步骤如图 7-7 (b) — (d) 所示。

画图时应注意：①作每个切口的投影时，应先从反映形体特征轮廓且具有积聚性投影的投影开始，再按投影关系画出其他投影。例如，第一次切割时，见图 7-7 (b)，应先画切口的正立面图，再画出平面图和侧立面图中的图线；第二次切割时，见图 7-7 (c)，应先画圆槽的平面图，再画出正立面图和侧立面图中的图线；第三次切割时，见图 7-7（d），应先画梯形槽的侧立面图，再画出正立面图和平面图中的图线。②注意切口截面投影的类似性。例如，图 7-7（d）中的梯形槽与斜面相交而形成的截面，其水平投影与侧面投影应为类似形。

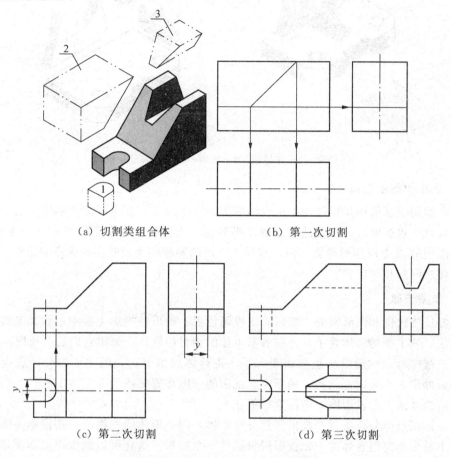

（a）切割类组合体　　　　　（b）第一次切割

（c）第二次切割　　　　　　（d）第三次切割

图 7-7　切割类组合体三视图的作图步骤

三、叠加类组合体三视图的画法

叠加类组合体是由基本体组合而成的，因此，根据点、线、面的投影性质和基本体的画法，分别画出各组成部分的三视图，并分析各部分的位置和表面连接关系，即可完成整个组合体的三视图。下面以如图 7-8 所示的轴承座为例说明画叠加类组合体三视图的方法与步骤。

1. 形体分析

如图 7-8 所示，轴承座可分解为凸台、支撑板、底板、肋板和圆筒 5 个部分，每个部分可看成是由基本体经切割而形成的。支撑板叠加在底板上，且后端面平齐；肋板叠加在底板上，且紧靠支撑板；圆筒叠加在支撑板和肋板上，且前后错开；凸台放在圆筒上部的中间位置，并开一小孔与圆筒的内壁相通，故内、外表面均产生相贯线。

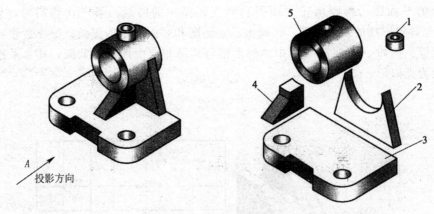

图 7-8 轴承座的形体分析
1—凸台；2—支撑板；3—底板；4—肋板；5—圆筒

2. 正立面图的选择

正立面图应能较明显地反映出组合体的主要形状特征，并尽可能使形体上的主要平面平行或垂直于投影面。所以，选择底板水平放置，支撑板平行于正投影面，肋板在前面，即选择图中的 A 方向作为投影方向，这样正立面图能较多地反映出轴承座的结构、形状和各基本体之间的相对位置。

3. 作图步骤

选好适当比例和图纸幅面，然后确定投影位置，画出各投影主要中心线和基线。按形体分析法，从主要的形体着手，并按各基本体的相对位置逐个画出它们的三视图。

画三视图时，一般应从正立面图入手，先整体后细节；先画主要部分，后画次要部分；先画外形，后画内部结构。轴承座三视图的作图步骤见图 7-9。

画组合体的三面投影图时应注意以下几点。

（1）运用形体分析法逐个画出各部分基本体，同一形体的三视图应按投影关系同时进行，而不是先画完组合体的一个投影后再画另一个投影。这样可以减少投影作图错误，也能提高绘图速度。

（2）画每一部分基本体时，应先画反映该部分形状特征的投影。例如，底板、支撑板、凸台是在平面图上反映它们的形状特征，所以应先画平面图，再画正立面图和侧立面图；圆筒是在正立面图上反映它的形状特征，所以应先画正立面图，再画平面图和侧立面图；肋板是在侧立面图上反映它的形状特征，所以应先画侧立面图，再画正立面图和平面图。

（3）完成各基本体的三视图后，应检查各形体间表面连接处的投影是否正确。例如，支撑板左、右两侧面与圆筒表面相切，支撑板的前、后轮廓线在侧立面图上应画到切点处；凸台与圆筒相交，在侧立面图上要画出内、外相贯线；肋板上表面与圆筒表面相交，要在侧立面图上画出交线。

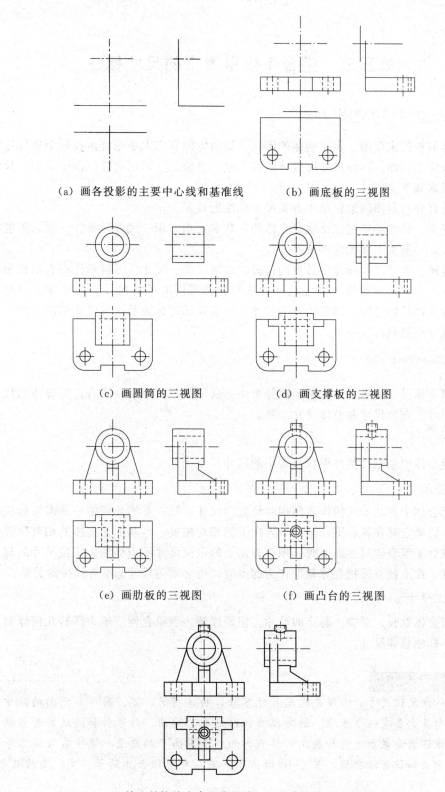

（a）画各投影的主要中心线和基准线　　（b）画底板的三视图

（c）画圆筒的三视图　　　　　　（d）画支撑板的三视图

（e）画肋板的三视图　　　　　　（f）画凸台的三视图

（g）检查并擦除多余的作图线，按要求描深可见轮廓线

图 7-9　轴承座三视图的作图步骤

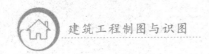

第三节 组合体投影图上的尺寸标注

一、尺寸标注的基本要求

组合体的视图主要用于表达物体的形状，而物体的真实大小则要由投影上所标注的尺寸数值来确定。因此，标注尺寸时应该做到完整、清晰、注写正确并有助于读图。尺寸标注的基本要求如下。

（1）符合建筑制图国家标准中有关尺寸标注的规定。

（2）齐全。尺寸必须能完全确定立体的形状和大小。每一尺寸只标注一次，不能漏注和重复标注，一般也不能标注多余尺寸。

（3）清晰。尺寸必须标注在适当的位置，以便读图。尺寸应尽量标注在表示该形体最清晰的视图上，避免在虚线上标注尺寸；凡与相邻视图有关的尺寸，为了便于对照和查找，可配置在两投影之间；圆弧半径的尺寸，一定要标注在表示该圆弧实形的视图上；对称结构的尺寸不能只标注一半。

二、尺寸的种类

标注组合体尺寸的基本方法是形体分析法。从形体分析的角度来看，组合体的尺寸可分为定形尺寸、定位尺寸和总体尺寸 3 种。

1. 定形尺寸

确定组合体中基本几何体形状和大小的尺寸。

2. 定位尺寸

确定组合体中各基本几何体之间相对位置的尺寸。每一基本几何体一般需要标注 3 个定位尺寸，以确定其在长、宽、高 3 个方向上的相对位置。当基本几何体的相对位置为堆积、平齐或处于组合体对称面上时，相应方向上的定位尺寸不需标注。定位尺寸的起点称为尺寸基准。在不便直接把尺寸基准作为起点时，也必须与尺寸基准有间接的关系。

3. 总体尺寸

确定组合体总长、总宽、总高的尺寸。但要注意，当组合体一端为回转几何体时，该方向一般不标注总体尺寸。

> **小贴士**
>
> 要标注定位尺寸，必须先选定尺寸基准。物体有长、宽、高 3 个方向的尺寸，每个方向至少要有一个基准。通常以物体的底面、端面、对称面和轴线作为基准，工程形体还需要考虑使用和施工的特点，如利于提高产品质量、便于有效施工等，要结合专业知识灵活把握。图 7-10 给出了一前后对称组合体的长、宽、高的 3 个基准。

三、标注尺寸的原则和方法

任何基本几何体都有长、宽、高 3 个方向上的大小。在视图上，通常要把反映这 3 个方向的大小尺寸都标注出来。对于回转几何体，可在其非圆投影上注出直径方向尺寸 "ϕ"，球的尺寸标注要在直径数字前加注 "$S\phi$"；正多边形的大小，可标注其外接圆的直径尺寸。不同形状的基本几何体，按其构成特点，一般按图 7-11 所示进行尺寸标注。

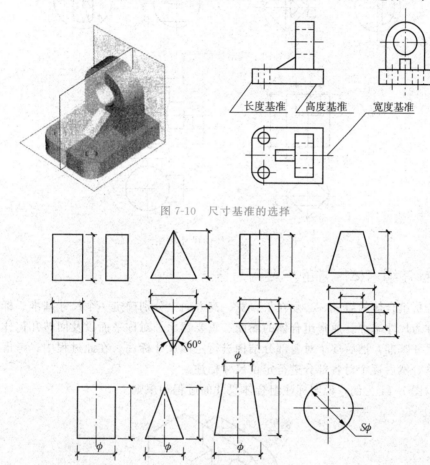

图 7-10 尺寸基准的选择

图 7-11 基本几何体的尺寸标注

对于被切割的基本几何体，除了要注出基本体的尺寸外，还应注出确定截平面位置的尺寸，但不能在截交线上直接注尺寸，也不应标注截交线形状的尺寸。因为截平面的位置确定后，截交线的形状及大小便已确定。截割体的尺寸标注如图 7-12 所示。对于相贯体的尺寸标注，当表面具有相贯线时，应标注产生相贯线两基本体的定形、定位尺寸，不能在相贯线上直接标注尺寸，如图 7-13 所示。

> **小贴士** ▶
>
> 尺寸一般标注在反映实形的投影上，并尽可能集中注写在一两个投影的下方或右方，必要时才注写在上方或左方。一个尺寸只需标注一次，尽量避免重复。

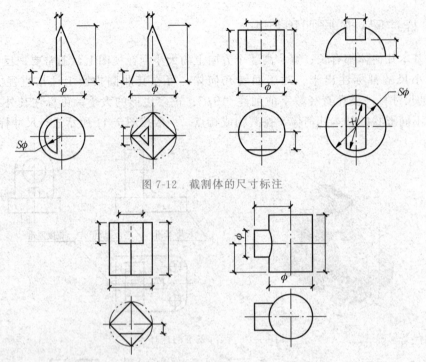

图 7-12 截割体的尺寸标注

图 7-13 相贯体的尺寸标注

四、标注组合体尺寸的步骤与方法

首先分析组合体的组成，必须在长、宽、高方向上分别确定一个尺寸基准。标注尺寸的起点，称为尺寸基准。通常组合体的底面、重要端面、对称平面以及回转几何体的轴线等可作为尺寸基准，然后逐个对各部分结构进行定形尺寸标注。在此过程中，考虑各部分的相互关系，然后逐个对各部分进行定位尺寸标注。

下面以图 7-14 为例，说明标注组合体尺寸的过程和规则。

图 7-14 组合体的尺寸标注

组合体由底板、方墩、侧板组成。

（1）首先确定长、宽、高 3 个方向的尺寸基准。这个组合体是不对称形体，高、宽两个方向依常规选择底面和后面，而长度方向尺寸基准选择侧板的左端面。这是因为施工时利于测量检查，左右兼顾，如图7-15（a）所示。

（2）逐一标出底板、方墩、侧板的定形尺寸和定位尺寸。标注时，每个形体在 3 个视图上应该同时进行，如图 7-15（b）所示。

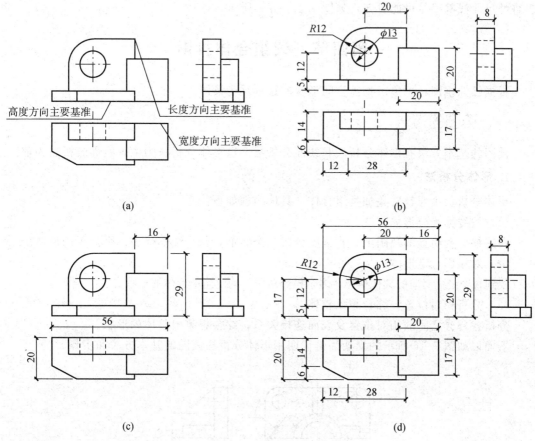

图 7-15 标注组合体的尺寸（单位：mm）

①侧板，在正立面图上标注高度和长度，在侧立面图上标注宽度（厚度）。需要说明的是，本例侧板的长度和高度分别是 20 mm＋12 mm、12 mm＋12 mm，并不直接注出。因为侧板左上方是大圆角过渡，用圆角圆心的定位尺寸（长 20 mm、高 12 mm）加圆角半径 R12 mm 更加简洁、清晰、准确，与圆角同心的 φ13 mm 圆孔的定位尺寸也不需再标。侧板长度方向定位尺寸与自身长度基准重合，即为 0，不需标注；宽度方向因与底板的基准面平齐，也为 0，不需标注；高度方向因叠加在底板上方，比高度基准面高一个底板厚度，底板高度尺寸 5 mm 即为侧板定位尺寸，不得重复标注。

②底板与侧板同理，平面图标出长度尺寸 28 mm＋12 mm，宽度尺寸 14 mm＋6 mm，正立面图标出高度尺寸 5 mm。左前方的切角定形尺寸分别为 12 mm 和 6 mm。底板左侧面、后面、底面分别为长、宽、高 3 个方向的基准面，所以它的长度、宽度和高度的定位尺寸都为 0，不得标注。

③方墩较为规则，正立面图集中注长 20 mm 和高 20 mm，平面图注宽 17 mm。高度、宽度都与各自基准面重合，定位尺寸也都为 0。长度方向自长度定位基准起至左侧面，注 16 mm，如图 7-15（c）所示。

（3）标出总体尺寸。正立面图标出总长 56 mm，总高 29 mm，平面图标总宽 20 mm。

（4）协调尺寸，检查。总体尺寸最大，尺寸线最长，一般标在尺寸的最外层。注意尽

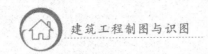

可能集中标注，本例集中在正立、平面图上，侧立面图只有一个尺寸。3个投影上水平、竖直的尺寸线都要尽可能对齐，如图 7-15（d）所示。

第四节　读组合体投影

根据已知视图，想象出物体空间形状的过程称为读图。

一、读图的方法

读图的基本方法有形体分析法和线面分析法。以形体分析法为主，线面分析法为辅。

1. 形体分析法

形体分析法主要针对叠加类组合体，具体步骤如下。

（1）按线框，分形体。

在线框分割明显的视图上，将视图分成几个线框，每个线框代表一个简单的形体。

（2）对投影，定形体。

找到每个线框对应的其他投影，多个投影对照，确定简单形体的形状。

（3）分析相对位置，综合想象整体。

分析各部分之间的相对位置及表面连接关系，综合想象出整体的形状。

下面以如图 7-16 所示的支架为例说明用形体分析法读图的基本方法和步骤。

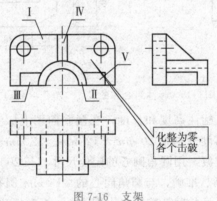

图 7-16　支架

分析：按线框将组合体划分成 5 个部分，即竖板Ⅰ、半圆筒Ⅱ、耳板Ⅲ和Ⅴ、肋板Ⅳ。

作图过程：根据正立面图所划分的线框，分块找出每一部分在侧立面图和平面图所对应的线框，根据线框想象出每一部分的形状，再按各部分的位置关系综合想象出物体的形状，识读支架三视图的方法和步骤如图7-17。

2. 线面分析法

有时物体的局部形状比较复杂，不便于用形体分析法分析某个表面的形状，这时就采用线面分析法，对某个面的形状及相对位置进行局部分析，从而形成整体认识。

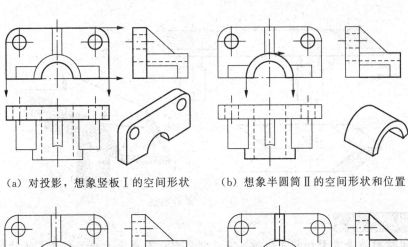

（a）对投影，想象竖板Ⅰ的空间形状　　　　（b）想象半圆筒Ⅱ的空间形状和位置

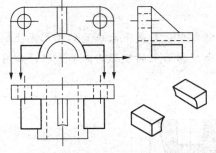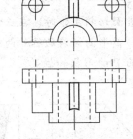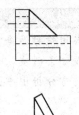

（c）想象耳板Ⅲ和Ⅴ的空间形状及位置　　　　（d）想象肋板Ⅳ的空间形状和位置

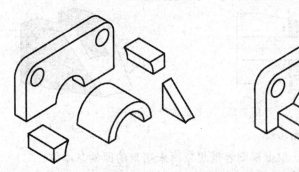

（e）想象出各组成部分的空间形状后，按各组成部分的位置将其组合起来，形成整体形状

图 7-17 识读支架三视图的方法和步骤

（1）分析面的形状。

用一般位置平面切割立体时，在三视图中，因截平面与 3 个投影面都倾斜，故截平面在 3 个投影面上的投影均为类似形，即 3 个投影均为线框，如图 7-18 所示，可大致分析出平面Ⅰ、Ⅱ、Ⅲ、Ⅳ的形状。

（2）分析面的位置。

每个物体都是由不同位置的表面按照一定的位置关系构成的。在三视图中的每个线框都表示一个面的投影。因此，构成每个投影的线框与线框之间必将反映不同表面的位置关系。

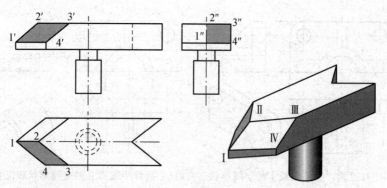

图 7-18　分析面的形状

当用投影面垂直面切割立体时，在三视图中，与截平面垂直的投影面上的投影积聚成一条斜线，与截平面倾斜的另外两个投影面上的投影均为类似形，如图 7-19 所示，可分析出平面 P 的形状和位置。

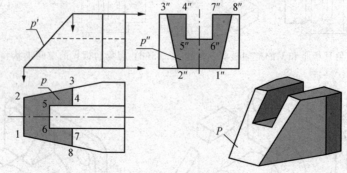

图 7-19　分析面的形状和位置

（3）线面分析法的读图步骤。

①抓外框想原始形状。根据视图外框想象尚未切割的原始基本体。

②对投影确定截面位置。通过分析视图中图线、线框的多面投影确定所有截平面的位置。

③弄清切割过程，想象物体形状。

下面以识读图 7-20 所示的压板的正立面图和平面图，补画第三面投影图为例，分析切割类组合体的读图方法和步骤。

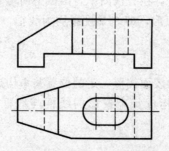

图 7-20　压板的正立面图和平面图

压板是由长方体经过切割而形成的，属切割类组合体。通过分析压板的正立面
图和平面图可知，压板的左上角用正垂面切割，左侧前、后方各用铅垂面切割，中
间下方开矩形槽，在中央位置加工一键槽孔。

　　作图过程：识读压板的正立面图和平面图，补画第三面投影图的方法和步骤如
图7-21所示。

　　（1）绘制切割前基本体的侧立面图（提示：压板由长方体切割而成），如图7-21（a）所示。

　　（2）绘制长方体左上方用正垂面P切割后的侧立面图，如图7-21（b）所示。

　　（3）绘制长方体左前方用铅垂面Q切割后的侧立面图（提示：左后方用铅垂面割角后
的变化与左前方割角相同），如图7-21（c）所示。

　　（4）绘制压板中间下方开矩形槽后的侧立面图（提示：中间不可见部分画细虚线），
如图7-21（d）所示。

　　（5）绘制压板中央位置加工键槽孔后的侧立面图。

　　（6）综合想象整体形状，检查并校对侧立面图。

　　（7）按线型描深图线，如图7-21（e）所示。

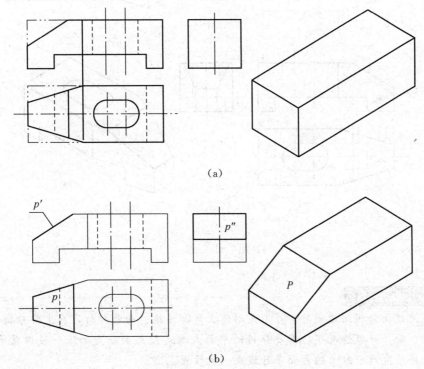

图7-21　识读压板的正立面图和平面图，补画第三面投影图的方法和步骤

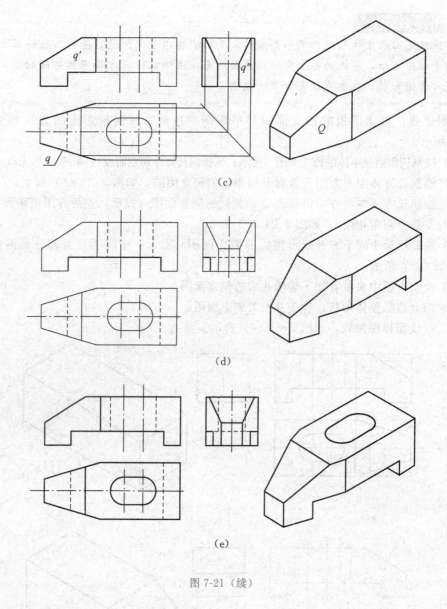

(c)

(d)

(e)

图 7-21（续）

　　在用线面分析法读图时，并不是形体上所有的线、面都分析，应主要分析看不懂的线、面。一般情况下，需要分析的平面大都是投影面垂直面或一般位置平面，需要分析的直线一般为投影面平行线或一般位置直线。

　　【例 1】根据如图 7-22 所示的轴座的平面图和侧立面图，补画第三面投影图。

　　分析：此类问题的解题步骤是首先用形体分析法分析已知投影，想象出物体的结构和形状，然后按叠加类组合体的画图方法逐一画出各个部分的第三投影。

　　作图过程：识读轴座的平面图和侧立面图，补画第三面投影图的方法和步骤如图 7-23所示。

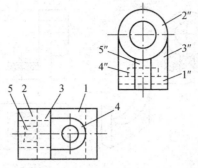

图 7-22　轴座的平面图和侧立面图

（1）在已知投影上，按线框将投影划分为 5 个部分（底板Ⅰ、圆筒Ⅱ、支撑板Ⅲ、凸台Ⅳ、肋板Ⅴ），如图 7-23（a）所示，分别想象出各部分的形状及位置。

（2）画出底板Ⅰ的正立面图，如图 7-23（b）所示。

（3）画出圆筒Ⅱ的正立面图，如图 7-23（c）所示。

（4）画出支撑板Ⅲ的正立面图，如图 7-23（d）所示。

（5）画出凸台Ⅳ的正立面图，如图 7-23（e）所示。

（6）画出肋板Ⅴ的正立面图，如图 7-23（f）所示。

（7）检查并描深，完成正立面图，如图 7-23（g）所示。

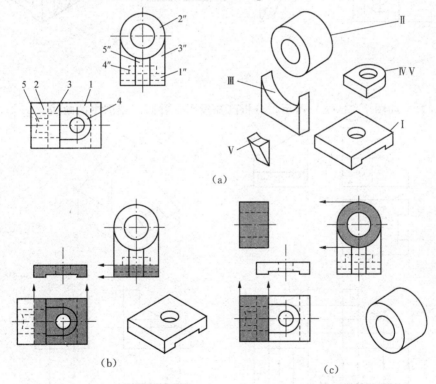

图 7-23　识读轴座的平面图和侧立面图，补画第三面投影图的方法和步骤

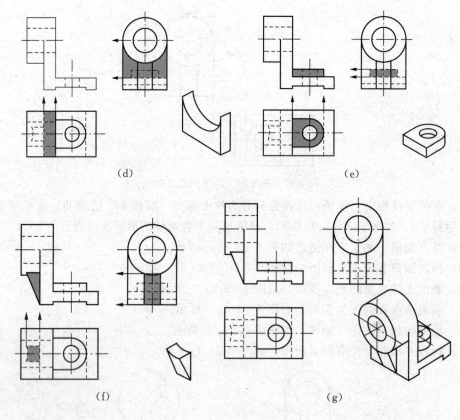

图 7-23（续）

【例2】 如图 7-24（a）所示，分析已知投影，补画三视图中的缺线。

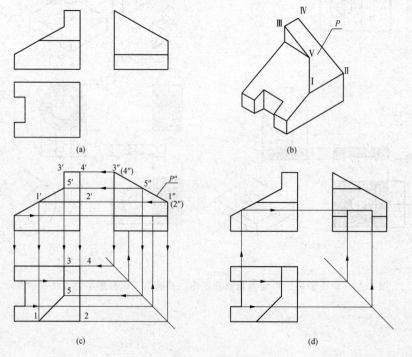

图 7-24 补画三视图中的缺线

分析：每个视图均由图线所构成，而每一条图线必定有特定的含义。因此，补缺线时应分析已知视图，利用形体分析法或线面分析法弄清图线的含义，补全图中遗漏的缺线。

（1）对 3 个视图进行初步分析，可知该组合体由长方体经过 3 次切割而形成。

（2）如图 7-24（a）所示，从侧立面图中的斜线入手，分析其含义可知，该斜线表示一具有积聚性的平面 P 的投影，且为一侧垂面，侧垂面的水平投影为一类似形（五边形）。

作图过程：分析已知投影，补画三视图中的缺线，如图 7-24 所示。

（1）通过线面分析，想出形状，如图 7-24（b）所示。

（2）如图 7-24（c）所示，在正立面图和侧立面图上标出平面 P 各点的位置，并根据投影规律确定各点的水平投影，连接 1、5 以及 5、3，完成平面 P 的水平投影。

（3）从平面图中的缺口入手，通过对照投影，补画出其正立面图和侧立面图。如图 7-24（d）所示。

（4）反复检查形体上线、面的三面投影。

二、空间构思能力的培养

读组合体的投影需要从大处着手，先总体，后细节。

根据如图 7-25 所示支座已知的投影构思空间形体时，应从大处着手，将它分解为 Ⅰ、Ⅱ、Ⅲ 3 个部分，再考虑细节，想清每一部分的形状，最后按位置关系将各部分组合成一个整体。

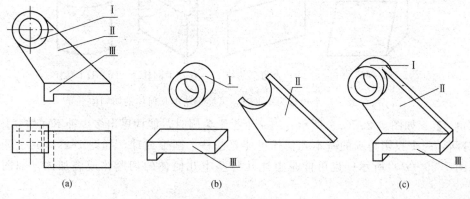

图 7-25　支座形体的空间构思方法

培养空间构思能力的基本方法包括以下几种。

1. 想象组合体的形状应从基本体开始

无论多么复杂的组合体都可以看成是由基本体经过叠加或切割而形成的，所以必须熟练掌握基本体的投影特性，即根据一个或两个简单形体的基本投影，应能很快想象出它可能是哪些基本体，这样才能想象出组合体的形状。

【例 3】　如图 7-26 所示，当一个投影为矩形时，能构思出多少种不同的立体？

（a）矩形中间有对称中心线　　　　（b）矩形中间无对称中心线

图 7-26　一个投影为矩形

分析：首先应考虑可能是哪几种基本几何体，然后再考虑如何切割。一个投影为矩形的基本几何体可能是正三棱柱、正四棱柱或圆柱，如图 7-27 所示；也可能是如图 7-28 所示的几种基本几何体的切割体。

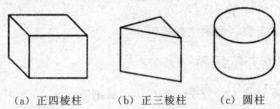

（a）正四棱柱　　　（b）正三棱柱　　　（c）圆柱

图 7-27　一个投影为矩形时的几个基本几何体

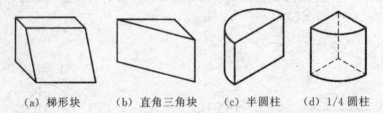

（a）梯形块　　　（b）直角三角块　　　（c）半圆柱　　　（d）1/4 圆柱

图 7-28　一个投影为矩形时，可能是基本几何体的切割体

【例 4】　如图 7-29（a）所示，当一个投影为圆时，能构思出多少种不同的立体？

分析：一个投影为圆的基本几何体可能是圆柱、圆锥或球，如图 7-29（b）、图 7-29（c）、图 7-29（d）所示；也可能是上述几种基本几何体的切割体或叠加体，如图 7-30 所示。

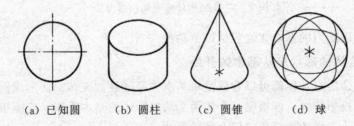

（a）已知圆　　　（b）圆柱　　　（c）圆锥　　　（d）球

图 7-29　一个投影为圆的基本几何体可能是圆柱、圆锥或球

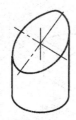 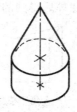

（a）圆柱的切割体　（b）圆柱与圆锥叠加　（c）球与圆柱叠加

图 7-30　一个投影为圆的几何体可能是圆柱、圆锥或球的切割体或叠加体

【例5】　如图 7-31 所示，试根据两面投影构思立体的空间形状。

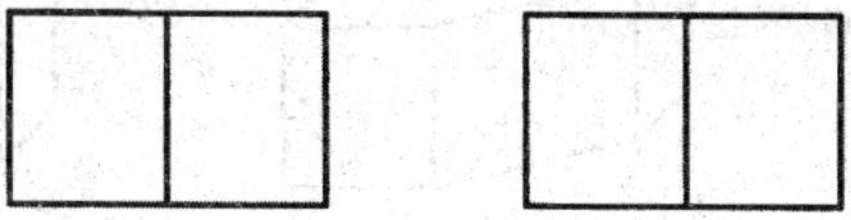

图 7-31　根据两面投影构思立体的空间形状

分析：有两个投影的外围轮廓是矩形的物体，该物体可能是棱柱、圆柱及其切割体。构思物体的形状时，应首先研究基本几何体，然后再考虑切割体。

（1）基本几何体。因正立面图和侧立面图的中间都有一条轮廓线，故基本几何体可能是棱柱，如图 7-32 所示，为正四棱柱和一般的三棱柱。

（a）正四棱柱　　　　　　　（b）一般的三棱柱

图 7-32　基本几何体

（2）基本几何体的切割体。根据"先整体，后局部"的原则，只考虑正立面图和侧立面图外侧的矩形，物体切割前基本轮廓形状如图 7-33 所示。

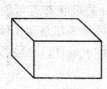 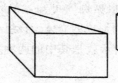 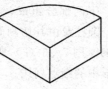

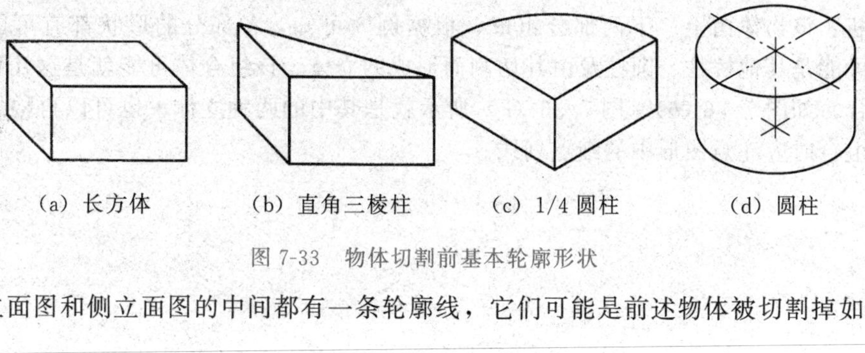

（a）长方体　　（b）直角三棱柱　　（c）1/4 圆柱　　（d）圆柱

图 7-33　物体切割前基本轮廓形状

正立面图和侧立面图的中间都有一条轮廓线，它们可能是前述物体被切割掉如图 7-34

所示的长方体、直角三棱柱和 1/4 圆柱等后得到的。

（a）长方体 （b）直角三棱柱 （c）1/4 圆柱

图 7-34　物体被切去部分的可能形状

　　将图 7-33 所示的基本体切割掉图 7-34 所示的小形体后，就可以得到更多的不同立体，如图 7-35 所示为其中一部分切割体的形状。

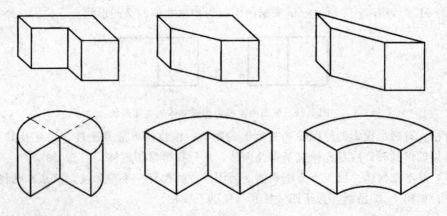

图 7-35　一部分切割体的形状

2. 不同的基本体叠加在一起

不同的基本体叠加在一起也可以构成不同的立体。

【例 6】如图 7-36 所示，根据两面投影构思物体的空间形状。

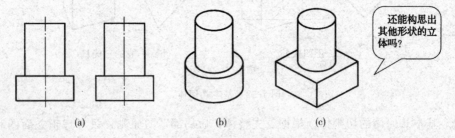

（a）　　　　　　　（b）　　　　　　（c）

还能构思出其他形状的立体吗？

图 7-36　根据两面投影构思物体的空间形状

　　分析：该物体由上、下两部分组成，根据例 3 可知，各部分的形状都有可能是长方体，也可能是其他棱柱、圆柱及由其切割而形成的立体。该组合体可能就是这几种基本立体的组合，如图 7-36（b）、图 7-36（c）所示就是其中的两种立体，也可以再构思其他立体，但组合时应注意图形中的细点划线。

小贴士 ▶

　　构思物体空间形状的过程是一个空间思维的过程。应从已知条件出发，把握投影规律，变换不同角度，拓展解题思路，这样才能提高空间想象力，正确构思出物体的形状。

3. 要把 3 个投影联系起来

　　一个投影只能确定物体一个方向的形状，因而常常需要把 3 个投影联系起来才能完全确定物体的形状。

　　【例 7】根据如图 7-37（a）所示的两面投影构思物体的空间形状，补画侧立面图。

　　分析：根据投影线框，将图形分成Ⅰ和Ⅱ两部分，如图 7-37（b）、图 7-37（c）所示。

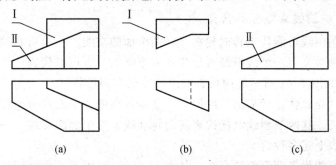

(a)　　　　　　(b)　　　　　　(c)

图 7-37　根据投影线框，将图形分成Ⅰ和Ⅱ两部分

　　（1）根据第一部分投影，构思形体Ⅰ的形状，如图 7-38 所示。

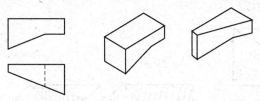

图 7-38　构思形体Ⅰ的形状

　　（2）根据第二部分投影，构思形体Ⅱ的形状，如图 7-39 所示。

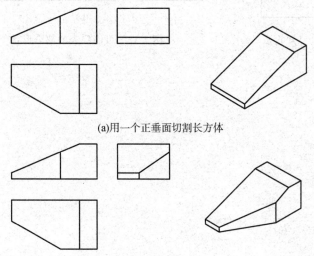

(a)用一个正垂面切割长方体

(b)用一个铅垂面切割长方体

图 7-39　构思形体Ⅱ的形状

（3）将Ⅰ和Ⅱ两部分组合起来，构思出组合体的形状，补画侧立面图，如图 7-40 所示。

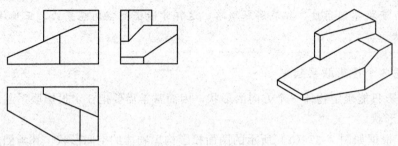

图 7-40　构思出组合体的形状，补画侧立面图

4. 弄清投影中图线或线框的含义

投影中的一条图线可能代表转向轮廓线、两个面的交线、一个有积聚性的表面，或者同时代表上述多种含义。一个线框既可以代表一个平面，也可以代表一个曲面。

【例 8】根据如图 7-41 所示的两投影构思物体的空间形状。

分析：根据"先总体，后局部"的原则，基本体在例 3 中已经分析过。加入两条斜线后，根据线的含义，这两条斜线可能代表转向轮廓线、两个面的交线、一个有积聚性的表面，或者同时代表上述多种含义。

这两条斜线可能代表两个面的交线，如图 7-42（a）所示；也可能代表一个有积聚性的表面，如图 7-42（b）所示；还可能既代表两个面的交线又同时代表一个有积聚性的表面，如图 7-42（c）所示。

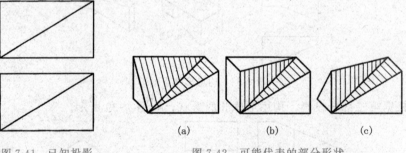

图 7-41　已知投影　　　　图 7-42　可能代表的部分形状

第八章 剖面图与断面图

第一节 剖面图

一、基本概念

当物体的内部结构复杂时，如果采用普通投影表达，则会在图形上出现过多的虚线及虚、实线交叉重叠的图线，这样会给画图和读图带来不便。用一个假想的剖切平面平行于某一个投影面把物体在某一位置剖开，将观察者和剖切平面之间的部分移去，其余部分向投影面作投影所得到的图形称为剖面图，如图 8-1 所示。

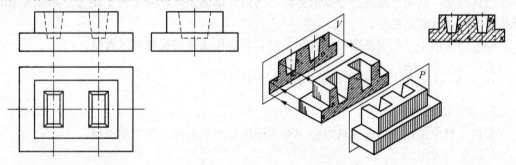

图 8-1 剖面图的基本概念

小贴士

剖切平面是一个假想的平面，应平行于投影面。在该投影面上移去前面部分，但其他视图仍应完整画出。剖面图一般按视图的投影关系配置，也可根据需要在其他位置配置，与视图相同。

剖切时首先要确定位置。一般选投影面的平行面或垂直面，并尽量与物体孔、槽等结构的轴线或对称平面重合。在相应剖切投影中与剖切平面接触的实体部分，画出剖切平面后面可见部分的投影，剖切面区域画出剖面符号。当剖切面经过肋、薄壁、支撑板等的对称平面时，该部分按不剖绘制，即不画剖面符号，而且要用粗实线将其与相邻部分分开。图 8-2 为肋的表示法。剖切平面应避免与形体表面重合，不能避免时，重合表面按不剖画出，如图 8-3 所示。

小贴士 ▶

为了便于看图，在剖面图上通常要标注剖切符号、箭头和剖面图名称三项内容。

剖切符号：表示剖切位置。在剖面的起终及转折处，画上粗实线并尽可能不与图形的轮廓线相交。

剖面图名称：在剖面图的上方用大写字母标出剖面图的名称×—×，并在剖切符号的两端和转折处注上相同字母。

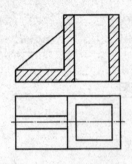

图 8-2　肋的表示法

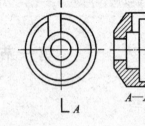

图 8-3　剖切平面经过形体表面

在下列情况下，可以简化或省略标注。

（1）当剖面图按照基本投影配置，中间无其他投影隔开时，可省略箭头。

（2）当单一剖切平面通过物体的对称平面时，剖面图按照基本投影配置，中间无其他投影隔开时，可省略标注。

（3）当采用单一剖切平面且位置明显时，局部剖面图的标注可以省略。

二、建筑工程中常用的剖面图及剖切方法

1. 剖面图的种类

建筑工程中常用的剖面图可以分为全剖面图、半剖面图、局部剖面图。

（1）全剖面图。

用剖切平面将物体完全剖开后所得到的视图称为全剖面图。全剖面图主要用于表达内部形状比较复杂而其外形比较简单的物体，如图 8-4 所示。

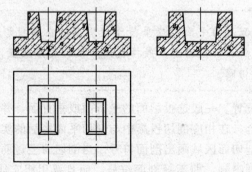

图 8-4　全剖面图

①由于剖切平面是假想的，所以只在画剖面图时才假想将形体切去一部分。在画另一

个投影时，则应按完整的形体画出。如图 8-4 所示，在画 V 向剖面图时，虽然已将基础剖去了前半部，但是在画 W 向的剖面图时，则仍然按完整的基础剖开，H 面投影也按完整的基础画出。

②作剖面图时，一般都使剖切平面平行于基本投影面。同时，要使剖切平面尽量通过形体上的孔、洞、槽等隐蔽形体的中心线，将形体内部尽量表现清楚。剖切平面平行于 V 面时，作出的剖面图称为正立剖面图，可以用来替代虚线较多的正立面图；剖切平面平行于 W 面时，所作出的剖面图称为侧立剖面图。物体被剖切后所形成的断面轮廓线，用粗实线画出；物体未剖到部分的视图用中粗线画出；看不见的虚线，一般省略不画。

③形体剖开之后，都有一个截口，即截交线围成的平面图形，称为断面。在剖面图中，规定要在断面上画出建筑材料图例，以区别断面（剖到的）和非断面（看到的）部分。各种建筑材料图例必须遵照国标规定的画法。画出建筑材料图例，在剖面图中可以知道建筑物是用什么材料做成的。在不指明材料时，可以用等间距、同方向的 45°细斜线来表示断面。

（2）半剖面图。

当物体具有对称平面时，用一个剖切平面将物体剖开一半（剖至对称面止，移去物体的 1/4）得到的剖面图称为半剖面图。以对称中心线为界，一半画成剖面图以表达内部结构，另一半画成视图以表达外形，如图 8-5 所示。

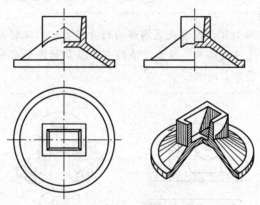

图 8-5　半剖面图

图 8-6 所示为梯台形独立柱基础，画出半个 V 面投影和半个 W 面投影以表示物体的外形。

> **小贴士**
>
> 在半剖面图中，如果物体的对称线是竖直方向，则剖面部分应画在对称线的右边；如果物体的对称线是水平方向，则剖面部分应画在对称线的下边。另外，在半剖面图中，因内部情况已由剖面图表达清楚，故表示外形的那一半一般不画虚线。需注意的是，半剖面图中剖与不剖的分界线不可画出轮廓线（粗实线），应该用细点划线。

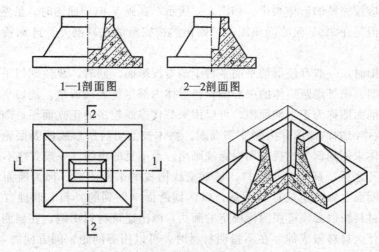

1—1剖面图　　　　2—2剖面图

图 8-6　梯台形独立柱

（3）局部剖面图。

当既需要表达物体的内部结构又需要表达物体的外形，而物体不对称时，或物体虽具有对称面，但不宜采用半剖视图表达内部形状时，则可以采用局部剖视的方法。

> **小贴士** ▶
>
> 用剖切平面将物体剖开，把需表达内部的前方移去，但保留其他部分的外形。剖开部分和保留部分用波浪线隔开。注意波浪线表示物体的断裂痕迹，因此只有在有断裂处才有波浪线，如图 8-7 所示。

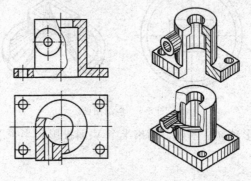

图 8-7　局部剖面图 1

图 8-8 所示构件如采用半剖面图，上部四棱柱中间的棱会被剖去，容易引起误解。局部剖面图既可保留部分棱线，又可以看清内部结构。

波浪线只能画在物体表面的实体部分，不得穿越孔或槽（应断开），也不能超出视图之外，如图 8-9 所示。

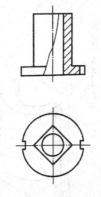

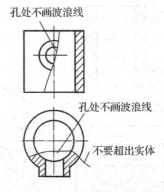

孔处不画波浪线

孔处不画波浪线

不要超出实体

图 8-8　局部剖面图 2　　　　　图 8-9　局部剖面图 3

图 8-10 所示为钢筋混凝土独立基础的局部剖面图。为重点表示钢筋的配置，一般不画出混凝土的剖面符号，并且将钢筋用加粗的实线突出表达。

2. 剖面图的剖切方法

（1）单一剖切面。

全剖、半剖、局部剖都是用单一剖切面剖切后形成的剖面图。

（2）几个平行的剖切平面。

用两个或两个以上相互平行、无重叠的剖切平面剖开物体，称为阶梯剖，如图 8-11 所示。当物体需要表达的隐蔽部分的中心不属于同一平面，而是处于两个或两个以上相互平行的平面内，用一个剖切平面就不能将其内部都剖切到，需用两个或两个以上相互平行的剖切面剖开物体，以不与视图轮廓线重合的直角转折来联系几个相应平行的剖切面。

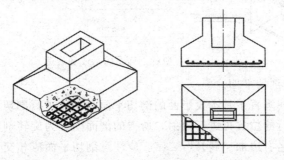

图 8-10　钢筋混凝土独立基础的局部剖面图

小贴士

使用阶梯剖时，两个平行剖切面的直角转折处不需画出交线，即在剖面图上只看到一个剖面。平行剖面的位置可从剖切位置线上识别。

图 8-12 所示为房屋阶梯剖面图的形成和表达实例。

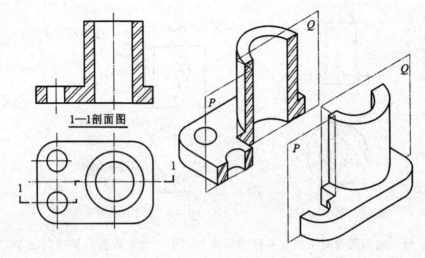

图 8-11　阶梯剖

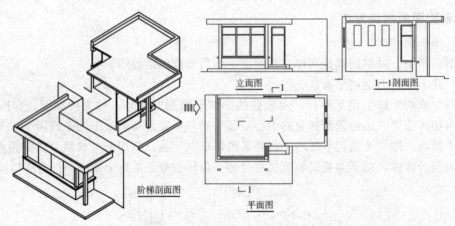

图 8-12　房屋阶梯剖面图的形成和表达

（3）几个相交的剖切平面。

用两个相交且交线垂直于基本投影面的剖切平面对物体进行剖切，并将其中倾斜的部分旋转到与投影面平行的位置再进行投射，所得的剖面图称为旋转剖面图。因为剖视投影作了旋转，故应在图名右边加"展开"二字。应注意剖切平面应相交于回转面的轴线，如图 8-13 所示。

小贴士 ▶

如图 8-14 所示，楼梯两个梯段间在水平投影图上成一定夹角，用一个或两个平行的剖切平面都无法将楼梯表示清楚。因此可以用两个相交的剖切平面进行剖切，移去剖切平面和观察者之间的部分，将剩余楼梯的右面部分旋转至与正立投影面平行后，便可得到展开剖面图，在图名后面加"展开"二字，并加上圆括号。标注尺寸应为 a 段和 b 段实际尺寸之和。

（4）分层剖切剖面图。

在建筑工程图样中，还经常用到分层剖切剖面图。用分层剖切的方法表示其内部构造

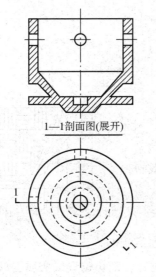

图 8-13　过滤池的旋转剖面图

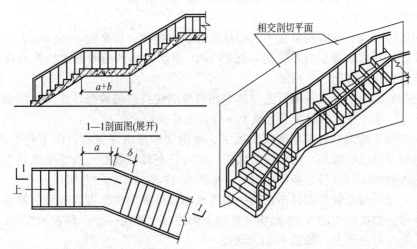

图 8-14　楼梯的旋转剖面图

得到的剖面图称为分层剖面图。

　　对一些具有多层构造层次的建筑构配件，可按实际需要分层剖切，在一幅图上表示出多层结构。在房屋工程图中，常用分层剖面图来表示墙面、楼（地）面和屋面的构造作法。

　　分层的剖面图应按层次以波浪线将各层隔开，波浪线不应与任何图线重合。如图 8-15 所示的楼板，以 3 条波浪线为界即可把三层构造都分别表达清楚。

　　3. 剖面图标注

　　剖切平面的位置不需要在投影图中直接画出，但要用符号表明它的剖切位置和投射方向。为了读图方便，需要用剖面的剖切符号把所画剖面图的剖切位置和投射方向在投影图上表示出来，同时还要给每一个剖面图加上编号，以免产生混乱。剖面图的标注方法有如下规定。

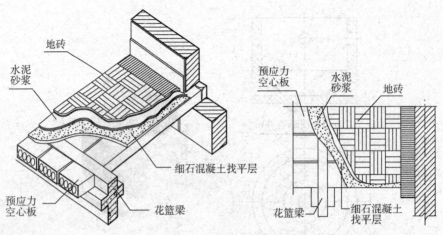

图 8-15 分层剖面图

（1）用剖切位置线表示剖切平面的剖切位置。剖切位置线实质上就是剖切平面的积聚投影，但规定只用两小段粗实线（长度为 6～10 mm）表示，并且不宜与图面上的图线相接触，如图 8-16 所示。

（2）剖切后的投射方向用垂直于剖切位置线的短粗线（长度为 4～6 mm）表示。如画在剖切位置线的左边则表示向左投射，如图 8-16 所示。半剖面图的剖切符号应按全剖面图的剖切符号标注，如图 8-6 所示。

（3）在剖面图的下方或一侧写上与该图相对应剖切符号的编号，作为该图的图名，如"1—1""2—2"等，并应在图名下方画上一等长的粗实线。

（4）剖切符号的编号宜采用阿拉伯数字，按剖切顺序由左至右、由下向上连续编排，并注写在剖视方向线的端部。剖切位置线需转折时，在转折处如与其他图线发生混淆，应在转角处的外侧加注与该符号相同的编号，如图 8-17 中的"3—3"所示。

（5）剖面图如与被剖切图样不在同一张图纸内，可在剖切位置线的另一侧注明其所在图纸的图纸号，如在图中的 3—3 剖切位置线下侧注写"建施—5"，即表示 3—3 剖面图画在"建施"第 5 号图纸上，如图 8-17 所示。

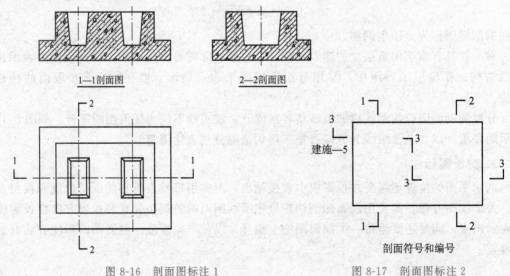

图 8-16 剖面图标注 1   图 8-17 剖面图标注 2

（6）对习惯使用的剖切符号（如画房屋平面图时通过门、窗洞的剖切位置），以及通过构件对称平面的剖切符号，可以不在图上作任何标注，如图 8-18 所示。

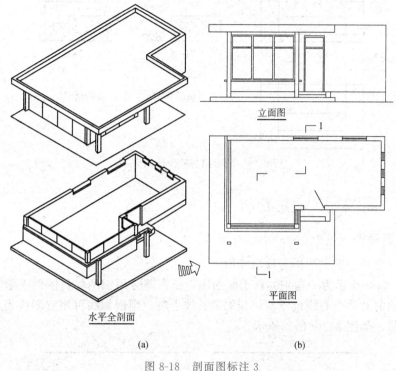

立面图

水平全剖面

平面图

(a)   (b)

图 8-18　剖面图标注 3

第二节　断面图

一、基本概念

用一个剖切平面将形体剖开之后，形体上的截口即截交线所围成的平面图形，称为断面。把这个断面投射到与它平行的投影面上所得的投影表示出断面的实形，称为断面图。与剖面图一样，断面图也是用来表示形体内部形状的。

二、断面图与剖面图的区别

断面图与剖面图的区别如下。

（1）断面图只画出形体被剖开后断面的投影，如图 8-19（a）所示；而剖面图要画出形体被剖开后整个余下部分的投影，如图 8-19（b）所示。

（2）剖面图是被剖开形体的投影，是体的投影，而断面图只是一个截口的投影，是面的投影。被剖开的形体必有一个截口，所以剖面图必然包含断面图，而断面图虽属于剖面图的一部分，但一般单独画出。

（3）剖切符号的标注不同。断面图的剖切符号只画出剖切位置线，不画出投射方向线，只用编号的注写位置来表示投射方向。编号写在剖切位置线下侧，表示向下投射；注写在左侧，表示向左投射。

（4）剖面图中的剖切平面可转折，断面图中的剖切平面则不可转折。

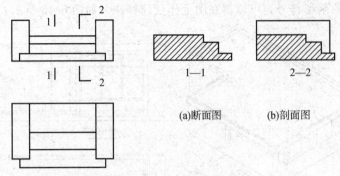

(a)断面图   (b)剖面图

图 8-19 剖面图与断面图的区别

三、断面图常用的表达方法

1. 移出断面图

位于视图之外的断面图称为移出断面图。

图 8-20（a）所示为一角钢的移出断面图，断面部分用钢的材料图例表示。当断面形状对称且断面的对称中心线位于剖切线的延长线上时，则剖切线可用点划线表示，且不必标注断面编号，如图 8-20（b）所示。

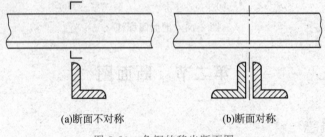

(a)断面不对称   (b)断面对称

图 8-20 角钢的移出断面图

图 8-21 所示为一行车腿柱的移出断面图和剖面图，请读者自行判断，并确定编号位置与投射方向的关系。

一个形体有多个断面图时，可以整齐地排列在投影图的四周，并且往往用较大的比例画出。如图 8-22 所示，图中有 6 个断面图，分别表示空腹鱼腹式吊车梁各部分的断面形状以及钢筋的配置情况（图中只用图例符号表示钢筋混凝土）。这种处理方式适用于断面变化较多的构件，主要是钢筋混凝土构件。图中吊车梁的立面图下方加画了一个平面图，在这个图上不画看不见的空腹鱼腹式吊车梁的腹杆，只表示顶面翼缘的宽度，螺孔的直径、位置和数量。这种表示方法在钢结构、钢筋混凝土屋架及吊车梁中应用较多。

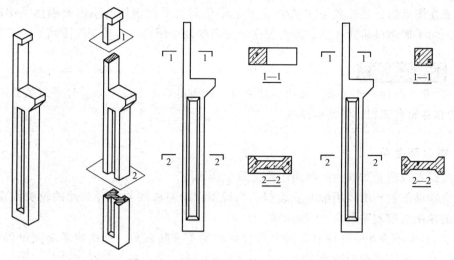

图 8-21 牛腿柱的移出断面图和剖面图

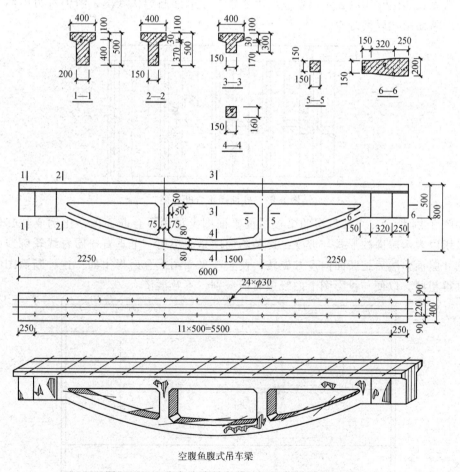

空腹鱼腹式吊车梁

图 8-22 空腹鱼腹式吊车梁工程图（单位：mm）

在作图时，应尽量将断面图画在剖切符号的延长线上。当剖切平面通过回转面形成孔或凹坑的轴线时，按剖面图画。断面图对称时，也可画在投影中断处。必要时可将断面图移出，放在图纸的适当位置。由两个或多个相交剖切平面剖切的移出断面图，中间应断开。当剖切平面通过非圆孔会导致出现完全分离的两个断面时，按剖面图画。

小贴士

配置在剖切符号延长线上的不对称移出断面图，可省略字母。按投影关系配置的对称移出断面图，可省略箭头。

2. 重合断面图

直接画在视图轮廓线内的断面图称为重合断面图。

重合断面图的轮廓线用细实线绘制。当视图中的轮廓线与重合剖面的轮廓线重叠时，视图中的轮廓线应完整画出，不可间断。

图 8-23 所示为在一外墙立面图中直接画出的重合断面图。这样的断面图可以不加任何说明，只在断面图的轮廓线之内沿着轮廓线的边缘加画 45°细斜线。这种与视图重合在一起的断面，还经常用以表示墙壁立面上装饰花纹的凹凸起伏状况，图中右边小部分墙面没有画出断面图，以供对比。

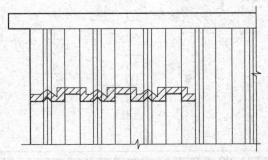

图 8-23 外墙面重合断面图

如图 8-24 所示，可在厂房的梁板屋面平面图上加画重合断面图，比例要与其他视图一致，用以表示屋面的形式与坡度。这种断面图是假想用一个垂直于屋脊线轮廓线的剖切平面剖开屋面，然后把断面向左方旋转，使它与平面图重合后得出的。这种断面图的轮廓线应画得粗些，以便与投影图上的线条有所区别，不致混淆。

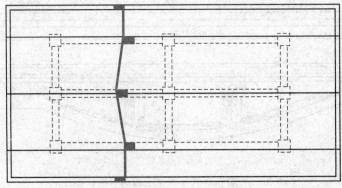

图 8-24 梁板屋面重合断面图

3. 中断断面图

假想将构件用横截面截开，直接把断面图画在构件断开处的断面图，称为中断断面图，如图 8-25 所示。

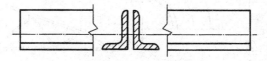

图 8-25　中断断面图

图 8-26 所示为钢屋架杆件的中断断面图。在钢屋架杆件的断开处画出杆件的断面，以表示型钢的形状及组合情况。这种画法适用于表示较长而只有单一断面的杆件及型钢。这样的断面图也不加任何说明。

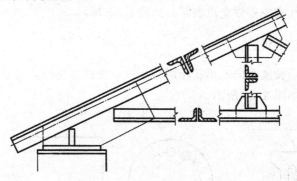

图 8-26　钢屋架杆件的中断断面图

第三节　图样的简化画法

在画剖面图、断面图时，如果一些特殊构件不需要全部画出其投影可以简化绘制，主要有以下几种情况。

一、对称形体的简化画法

工程构配件的投影有一条对称线，可只画该投影的一半；投影有两条对称线，可只画该投影的 1/4，并画出对称符号，如图 8-27 所示。对称符号由对称线和两端的两对平行线组成。对称线用细单点长画线绘制；平行线用细实线绘制，其长度宜为 6～10 mm，每对的间距宜为 2～3 mm；对称线垂直平分于两对平行线，两端超出平行线宜为 2～3 mm。

> **小贴士**
>
> 图形也可稍超出其对称线，此时可不画出对称符号，如图 8-28 所示。对称的形体需画剖面图或断面图时，可以对称符号为界，一半画视图（外形图），一半画剖面图或断面图，即半剖面图。

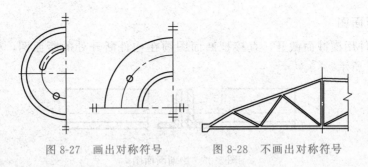

图 8-27　画出对称符号　　　图 8-28　不画出对称符号

二、相同要素的简化画法

构配件内多个完全相同而连续排列的构造要素，可仅在两端或适当位置画出其完整形状，其余部分以中心线或中心线交点表示，如图 8-29 所示。

三、折断的简化画法

较长的构件，当沿长度方向的形状相同或按一定规律变化时，可断开省略绘制，断开处应以折断线表示，如图 8-30 所示。

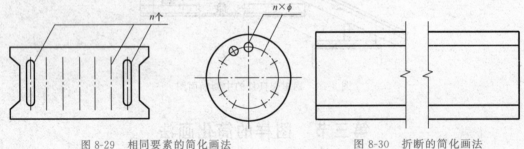

图 8-29　相同要素的简化画法　　　　图 8-30　折断的简化画法

四、工程构配件局部不同的简化画法

一个工程构配件如与另一工程构配件仅部分不相同，该构配件可只画不同部分，但应在两个构配件的相同部分与不同部分的分界线处分别绘制连接符号，如图 8-31 所示。连接符号应以折断线表示需连接的部位。两部位相距过远时，折断线两端靠图样一侧应标注大写拉丁字母表示连接编号。两个被连接的图样应用相同的字母编号。

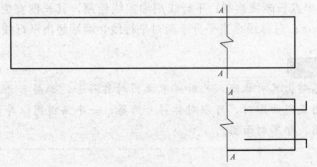

图 8-31　工程构配件局部不同的简化画法

第九章　桥隧工程图

学习目标

1. 了解桥梁概述；
2. 学会看懂钢筋混凝土结构图；
3. 学会看懂桥梁工程图；
4. 掌握桥梁工程图读图和画图；
5. 掌握隧道工程图的画法。

第一节　桥梁概述

一、桥梁的基本组成

桥梁是道路在跨路过河中常见的工程构筑物。桥梁由上部结构（桥跨结构）、下部结构（桥墩或桥台）和附属结构等组成，如图 9-1 所示。

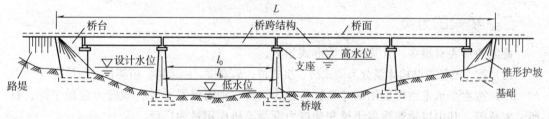

图 9-1　梁桥的基本组成部分

（1）上部结构。上部结构被习惯称为桥跨结构，包括承重结构和桥面系，是在路线遇到障碍而中断时跨越障碍的主要承重结构。其作用是承受车辆、行人等荷载，并将各种作用通过支座传给桥台。

小贴士 ▶
支座是桥跨结构与桥墩和桥台的支承处所设置的传力装置。

桥面构造包括桥面铺装、防水和排水构造、伸缩缝、人行道（或安全带）、栏杆（或护栏）及灯柱等，如图 9-2 所示。

（2）下部结构。下部结构由桥墩、桥台组成（单孔桥没有桥墩）。其作用是支承上部结构，并将结构重力和车辆、行人等荷载传给基础，同时桥台还与路堤连接并抵御路堤土的压力。

（3）附属结构。附属结构包括桥台两侧与路堤衔接处的锥形护坡、护岸以及导流结构

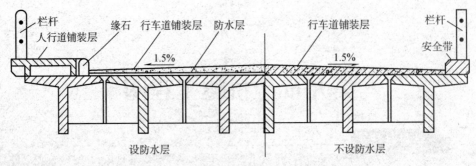

图 9-2　桥面构造示意图

物等。其作用是抵御水流的冲刷、防止路堤填土坍塌。

（4）低水位、高水位和设计水位。河流中的水位是变动的，在枯水季节的最低水位称为低水位；洪峰季节河流中的最高水位称为高水位；桥梁设计中按规定的设计洪水频率计算所得的高水位称为设计水位。

（5）净跨径（l_o）。设计水位上相邻两个桥墩（或桥台）之间的净距。

（6）总跨径（$\sum l_o$）。多孔桥梁中各孔净跨径的总和，它反映了桥下宣泄洪水的能力。

（7）标准跨径（l_b）。梁桥为两桥墩中线间或桥墩中线与台背前缘间的距离；拱桥为净跨径。

（8）桥梁全长（L）。有桥台的桥梁，应为两岸桥台侧墙或八字墙尾端间的距离；无桥台的桥梁，应为桥面系长度。

二、桥梁的分类

桥梁的形式有很多，常见的分类形式如下。

（1）按主要承重结构体系分为梁式桥、拱式桥、悬索桥、刚架桥、桁架桥、斜拉桥等。

（2）按主要承重结构所用的建筑材料分为钢桥、钢筋混凝土桥、预应力混凝土桥、石桥、木桥等，其中以钢筋混凝土桥和预应力混凝土桥应用最为广泛。

（3）按跨越障碍的性质分为跨河桥、跨线桥（立体交叉）、高架桥和栈桥等。

（4）按多孔跨径总长和单孔跨径的不同分为特殊大桥、大桥、中桥和小桥，见表 9-1。

表 9-1　按多孔跨径总长和单孔跨径的不同分类

单位：m

桥梁分类	多孔跨径总长 L	单孔跨径 L_k	桥梁分类	多孔跨径总长 L	单孔跨径 L_k
特大桥	$L>1\,000$	$L_k>150$	中桥	$30<L<100$	$20\leqslant L_k<40$
大桥	$100\leqslant L\leqslant1\,000$	$40\leqslant L_k\leqslant150$	小桥	$8\leqslant L\leqslant30$	$5\leqslant L_k<20$

注：①单孔跨径系指标准跨径。②梁式桥、板式桥的多孔跨径总长为多孔标准跨径的总长；拱式桥为两岸桥台内起拱线间的距离；其他形式桥梁为桥面系车道长度。

（5）按上部结构的行车道位置分为上承式桥、下承式桥和中承式桥。桥面布置在主要承重结构之上者称为上承式桥，布置在主要承重结构之下者称为下承式桥，布置在主要承重结构中间的称为中承式桥，如图 9-3 所示。

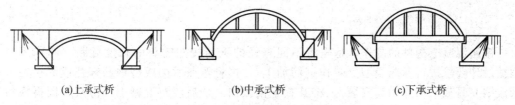

| (a)上承式桥 | (b)中承式桥 | (c)下承式桥 |

图 9-3 按上部结构的行车道位置分类

三、桥梁工程图的组成

桥梁工程图图示方法采用多面正投影原理和方法，并结合桥梁特点进行表达。桥梁工程图是由桥位平面图、桥位地质断面图、桥梁总体布置图、构件结构图等组成。

第二节 钢筋混凝土结构图

一、砖石、混凝土结构

混凝土是由水泥、砂子、石子和水按一定的比例配合，经养护硬化后得到的一种人工材料。混凝土按其抗压强度不同分为 $C15$、$C20$、$C25$、$C30$、$C35$、$C40$、$C45$、$C50$、$C55$、$C60$、$C65$、$C70$、$C75$、$C80$ 14 个等级。数字越大，混凝土的抗压强度越高。混凝土抗压强度较高，但抗拉强度较低，容易因受拉而断裂。为提高混凝土构件的抗拉能力，常在构件的受拉区加入一定数量的钢筋，由钢筋承受拉力，混凝土承受压力。这种配有钢筋的混凝土构件称为钢筋混凝土构件，如图 9-4 所示。

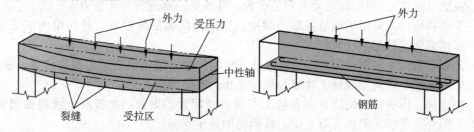

图 9-4 钢筋混凝土简支梁受力示意图

砖石、混凝土结构图中的材料标注，可在图形中适当位置用图例表示（图9-5）。当材料图例不便绘制时，可采用引出线标注材料名称及配合比。

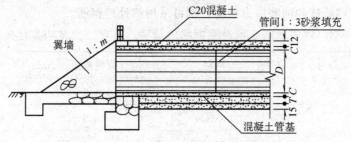

图 9-5 砖石、混凝土结构图中的材料标注

二、钢筋混凝土结构

钢筋混凝土构件的制作，是先将不同直径的钢筋按照需要的长度截断（叫作下料），根据设计要求进行弯曲成型（叫作钢筋加工），再将弯曲后的成型钢筋绑扎或焊接在一起形成钢筋骨架（叫作钢筋安装），将其置于模板内，最后浇筑混凝土，待其凝固拆模后即成。钢筋混凝土构件的制作有在工程现场就地浇筑和在工程现场以外的工厂预制好后运到现场进行安装的两种，它们分别称为现浇混凝土构件和预制混凝土构件。此外，如在制作时通过对钢筋的张拉，预加给混凝土一定的压力以提高构件的强度和抗裂性能，就成为预应力钢筋混凝土构件。

> **小贴士** ▶
>
> 为了把钢筋混凝土结构表达清楚，需要画出钢筋混凝土结构图（简称钢筋结构图）。钢筋结构图主要是表达构件内部钢筋的布置情况，是钢筋断料、加工、绑扎、焊接和检验的重要依据，它应包括钢筋布置图、钢筋编号、尺寸、规格、根数、钢筋成型图和钢筋数量表及技术说明等。

1. 钢筋的基本知识

（1）钢筋的分类和作用。

钢筋按其在整个构件中所起的作用不同，可分为下列 5 种。

①受力钢筋（主筋）。受力钢筋是用来承受拉力或压力的钢筋，用于梁、板、柱等各种钢筋混凝土构件。

②箍筋（钢箍）。用以固定受力钢筋位置，并承受一部分剪力或扭力。

③架立钢筋。大多用于钢筋混凝土梁中，用来固定箍筋的位置，并与梁内的受力筋、箍筋一起构成钢筋骨架。

④分布钢筋。大多用于钢筋混凝土板或高梁结构中，用以固定受力钢筋位置，使荷载分布给受力钢筋，并防止混凝土收缩和温度变化出现的裂缝。

⑤构造筋。因构件的构造要求和施工安装需要配置的钢筋，如腰筋、预埋锚固钢筋、吊环等。图 9-6 所示为钢筋混凝土梁、板钢筋配置示意图。

（2）钢筋的种类和符号。

钢筋分为普通钢筋和预应力钢筋两类，普通钢筋是指用于钢筋混凝土结构中和预应力混凝土结构中的非预应力钢筋，普通钢筋按照强度和品种不同可分为 4 类，见表 9-2。预应力钢筋宜采用钢绞线和消除应力钢丝，也可采用热处理钢筋。

表 9-2　钢筋混凝土用普通钢筋的品种、符号、材料和直径范围

钢筋品种	符号	材料	直径范围 d /mm	说明
R235	Φ	Q235	8～20	热压光圆钢筋
HRB335	Φ	20MnSi	6～50	热压带肋钢筋
HRB400	Φ	20MnSiV、20MnSiNb、20MnTi	6～50	热压带肋钢筋
KL400	Φ^R	K20MnSi	8～40	余热处理带肋钢筋

表 9-2 中，光圆钢筋和带肋钢筋的形式如图 9-7 所示。

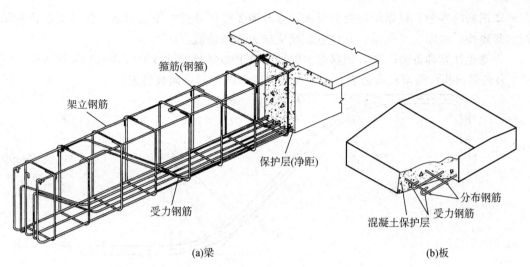

(a)梁　　　　　　　　　　　　　　　　　(b)板

图 9-6　钢筋混凝土梁、板钢筋配置示意图

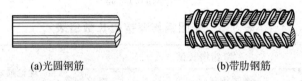

(a)光圆钢筋　　　　　　　　　　　(b)带肋钢筋

图 9-7　钢筋的形式

（3）钢筋的保护层。

为了防止钢筋锈蚀和保证钢筋与混凝土的紧密黏结，梁、板、柱等构件都应具有足够的混凝土保护层。受力钢筋的外边缘到混凝土外边缘的最小距离，称为保护层厚度或净距。混凝土保护层厚度视不同的构件而异。

（4）钢筋的弯钩和弯起。

①钢筋的弯钩。对于受力钢筋，为了增加它与混凝土的黏结力，在钢筋的端部做成弯钩。弯钩的形式有半圆弯钩、斜弯钩和直弯钩 3 种，如图 9-8 所示。这时钢筋的长度要加上其弯钩的增长数值。

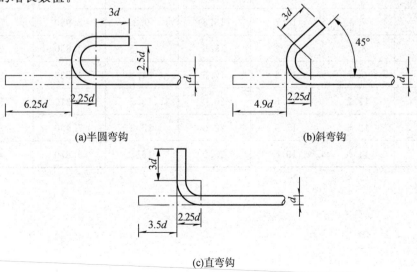

(a)半圆弯钩　　　　　　　　　　　　(b)斜弯钩

(c)直弯钩

图 9-8　钢筋的弯钩

②钢筋的弯起。根据结构受力要求，有时需要将部分受力钢筋弯起，这时弧长比两切线之和短些，如图9-9所示，其计算长度应减去折减数值。

为避免计算和方便画图，钢筋弯钩的增长数值和弯起的折减数值均编有表格备查。表9-3为光圆钢筋弯钩增长数值表，表9-4为光圆钢筋弯起折减数值表。

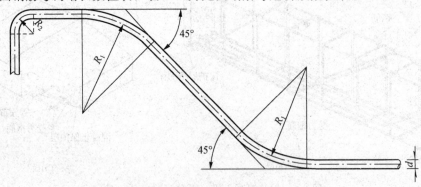

图9-9 钢筋的弯起

表9-3 光圆钢筋弯钩增长数值表

| 钢筋直径 d/mm | 弯钩增长值/cm | | | | 理论质量/ $(kg \cdot m^{-1})$ | 螺纹钢筋外径/ mm |
| | 光圆钢筋 | | | 螺纹钢筋 | | |
	90°	135°	180°	90°		
10	3.5	4.9	6.3	4.2	0.617	11.3
12	4.2	5.8	7.5	5.1	0.888	13.0
14	4.9	6.8	8.8	5.9	1.210	15.5
16	5.6	7.8	10.0	6.7	1.580	17.5
18	6.3	8.8	11.3	7.6	2.000	20.0
20	7.0	9.7	12.5	8.4	2.470	22.0
22	7.7	10.7	13.8	9.3	2.980	24.0
25	8.8	12.2	15.6	10.5	3.850	27.0
28	9.8	13.6	17.5	11.8	4.830	30.0
32	11.2	15.6	20.0	13.5	6.310	34.5
36	12.6	17.5	22.5	15.2	7.990	39.5
40	14.0	19.5	25.0	16.8	9.870	43.5

表9-4 光圆钢筋弯起折减数值表

钢筋直径/mm	弯折修正值/cm			
	光圆钢筋		螺纹钢筋	
	45°	90°	45°	90°
10	—	−0.8	—	−1.3
12	−0.5	−0.9	−0.5	1.5
14	−0.6	−1.1	−0.6	1.8
16	−0.7	−1.2	−0.7	2.1
18	−0.8	−1.4	−0.8	2.3
20	−0.9	−1.5	−0.9	2.6
22	−0.9	−1.7	−0.9	2.8
25	−1.1	−1.9	−1.1	3.2
28	−1.2	−2.1	−1.2	3.6
32	−1.4	−2.4	−1.4	4.1
36	−1.5	−2.7	−1.5	4.6
40	−1.7	−3.0	−1.7	5.2

如图9-10所示，$\phi 10$ 的光圆钢筋两端半圆弯钩端点的长度为126 cm，求下料长度（其中某根钢筋在下料之前的剪切长度，就是剪切多长的钢筋能够完成该根钢筋的加工）。

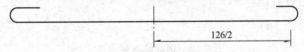

图9-10 光圆钢筋弯钩（单位：cm）

分析：根据题意，钢筋的下料长度等于直钢筋部分与半圆弯钩所需要的钢筋长度之和。查表9-3，得出弯钩的长度为6.3 cm。即有

$$126+2\times6.3=126+12.6=138.6（cm）\approx139（cm）$$

又如图9-11所示，4号 $\phi 22$ 的钢筋长度为 $728+65\times2$，求下料长度。

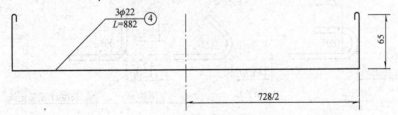

图9-11 钢筋的弯钩与弯起

分析：根据题意，查表9-3、表9-4，得出半圆弯钩长度为13.8 cm、90°弯起长度为1.7 cm，则计算长度数值为

$$728+65\times2+2\times（13.8-1.7）=882.2（cm）\approx882（cm）$$

2. 钢筋混凝土结构图的内容

钢筋混凝土结构图包括两类图样：一类称为构件构造图（或模板图），即对于钢筋混

凝土结构，只画出构件的形状和大小，不表示内部钢筋的布置情况。另一类称为钢筋结构图（或钢筋构造图、钢筋布置图），即主要表示构件内部钢筋的布置情况。

（1）钢筋构造图应置于一般构造之后。当结构外形简单时，二者可绘于同一视图中。

（2）在一般构造图中，外轮廓线应以粗实线表示，钢筋构造图中的轮廓线应以细实线表示。钢筋应以粗实线的单线条或实心黑圆点表示。

（3）在钢筋构造图中，各种钢筋应标注数量、直径、长度、间距、编号，其编号应采用阿拉伯数字表示。当钢筋编号时，宜先编主、次部位的主筋，后编主、次部位的构造筋。编号格式应符合下列规定：①编号宜标注在引出线右侧的圆圈内，圆圈的直径为 $4 \sim 8\ mm$ [图 9-12（a）]。②编号可标注在与钢筋断面图对应的方格内 [图 9-12（b）]。③可将冠以 N 字的编号，标注在钢筋的侧面，根数应标注在 N 字之前 [图 9-12（c）]。

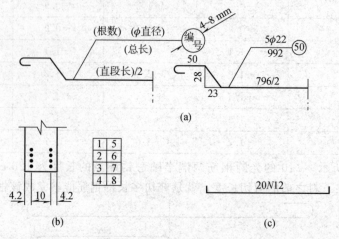

图 9-12　钢筋编号标注格式

（4）钢筋大样应布置在钢筋构造图的同一张图纸上。钢筋大样的编号宜按图 11-14 标注。当钢筋加工形状简单时，也可将钢筋大样绘制在钢筋明细表内。

（5）钢筋末端的标准弯钩可分为 90°、135°、180° 3 种（图 9-13）。当采用标准弯钩时（标准弯钩即最小弯钩），钢筋直段长可直接注于钢筋的侧面（图 9-12）。

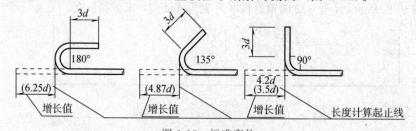

图 9-13　标准弯钩

注：图中括号内数值为圆钢的增长值。

（6）当钢筋直径大于 10 mm 时，应修正钢筋的弯折长度。除标准弯折外，其他角度的弯折应在图中画出大样，并标示出切线与圆弧的差值。

（7）焊接的钢筋骨架可按图 9-14 标注。

（8）箍筋大样可不绘出弯钩 [图 9-15（a）]。当为扭转或抗震箍筋时，应在大样图的右上角，增绘两条倾斜 45° 的斜短线 [图 9-15（b）]。

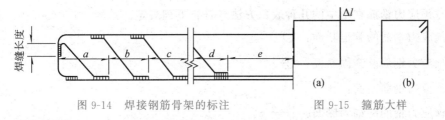

图 9-14　焊接钢筋骨架的标注　　　　图 9-15　箍筋大样

（9）在钢筋构造图中，当有指向阅图者弯折的钢筋时，应采用黑圆点表示；当有背向阅图者弯折的钢筋时，应采用"×"表示（图 9-16）。

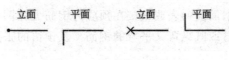

图 9-16　钢筋弯折的绘制

（10）当钢筋的规格、形状、间距完全相同时，可仅用两根钢筋表示，但应将钢筋的布置范围及钢筋的数量、直径、间距示出（图 9-17）。

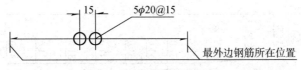

图 9-17　钢筋的简化标注

三、预应力混凝土结构

（1）预应力钢筋应采用粗实线或直径 2 mm 以上的黑圆点表示。图形轮廓线应采用细实线表示。当预应力钢筋与普通钢筋在同一视图中出现时，普通钢筋应采用中粗实线表示。一般构造图中的图形轮廓线应采用中粗实线表示。

（2）在预应力钢筋布置图中，应标注预应力钢筋的数量、型号、长度、间距、编号。编号应以阿拉伯数字表示，编号格式应符合下列规定：①在横断面图中，宜将编号标注在与预应力钢筋断面对应的方格内［图 9-18（a）］。②在横断面图中，当标注位置足够时，可将编号标注在直径为 4～8 mm 的圆圈内［图 9-18（b）］。③在纵断面图中，当结构简单时，可将冠以 N 字的编号标注在预应力钢筋的上方。当预应力钢筋的根数大于 1 时，也可将数量标注在 N 字之前；当结构复杂时，可自拟代号，但应在图中说明。

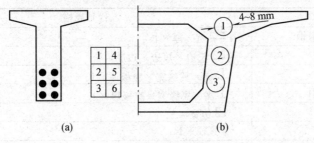

图 9-18　预应力钢筋的标注

（3）在预应力钢筋的纵断面图中，可采用表格的形式，以每隔0.5～1 m 的间距，标出纵、横、竖三维坐标值。

（4）预应力钢筋在图中的几种表示方法应符合下列规定。

①预应力钢筋的管道断面：◯。

②预应力钢筋的锚固断面：⊕。

③预应力钢筋断面：十。

④预应力钢筋的锚固侧面：⊢。

⑤预应力钢筋连接器的侧面：══。

⑥预应力钢筋连接器断面：⊙。

（5）对弯起的预应力钢筋应列表或直接在预应力钢筋大样图中，标出弯起角度、弯曲半径切点的坐标（包括纵弯或既纵弯又平弯的钢筋）及预留的张拉长度（图9-19）。

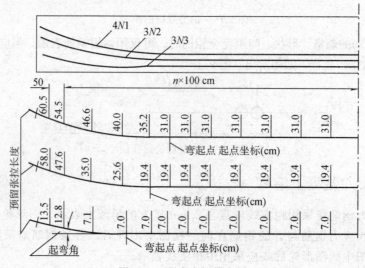

图 9-19 预应力钢筋大样

四、钢结构

（1）钢结构视图的轮廓线应采用粗实线绘制，螺栓孔的孔线等应采用细实线绘制。

（2）常用的钢材代号规格的标注应符合表9-5的规定。

表 9-5 常用型钢的代号规格的标注

名称	代号规格
钢板、扁钢	▭ 宽×厚×长
角钢	∟ 长边×短边×边厚×长
槽钢	[高×翼缘宽×腹板厚×长
工字钢	I 高×翼缘宽×腹板厚×长
方钢	□ 边宽×长
圆钢	φ 直径×长
钢管	φ 外径×壁厚×长
卷边角钢	⌐ 边长×边长×卷边长×边厚×长

注：当采用薄壁型钢时，应在代号前标注"B"。

（3）型钢各部位的名称应按图9-20规定采用。

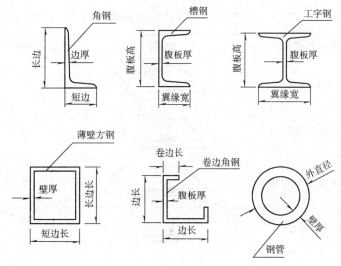

图 9-20　型钢各部位名称

（4）螺栓与螺栓孔代号的表示应符合下列规定。

①已就位的普通螺栓代号：● 。

②高强螺栓、普通螺栓的孔位代号：╋ 或 ⊕ 。

③已就位的高强螺栓代号：◆ 。

④已就位的销孔代号：◎ 。

⑤工地钻孔的代号：╪ 或 ⊕ 。

⑥当螺栓种类繁多或在同一册图中与预应力钢筋的表示重复时，可自拟代号，但应在图纸中说明。

（5）螺栓、螺母、垫圈在图中的标注应符合下列规定。

①螺栓采用代号和外直径乘长度标注，如 $M\,10\times100$。

②螺母采用代号和直径标注，如 $M\,10$。

③垫圈采用汉字名称和直径标注，如垫圈 10。

（6）焊缝的标注除应符合现行国家标准有关焊缝的规定外，尚应符合下列规定。

①焊缝可采用标注法和图示法表示，绘图时可选其中一种或两种。

②标注法的焊缝应采用引出线的形式将焊缝符号标注在引出线的水平线上，还可在水平线末端加绘作说明用的尾部（图 9-21）。

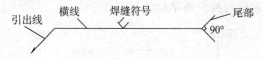

图 9-21　焊缝的标注法

③一般不需标注焊缝尺寸，当需要标注时，应按现行《焊缝符号表示法》国家标准的规定标注。

④标注法采用的焊缝符号应按现行国家标准的规定采用。常用的焊缝符号应符合表9-6的规定。

表 9-6　常用焊缝符号

名称及型式	图例	符号
V 形焊缝		V
带钝边 V 形焊缝		Y
带钝边 U 形焊缝		Ụ
单面贴角焊缝		△
双面贴角焊缝		◁△

⑤图示法的焊缝应采用细实线绘制，线段长 1～2 mm，间距为 1 mm（图 9-22）。

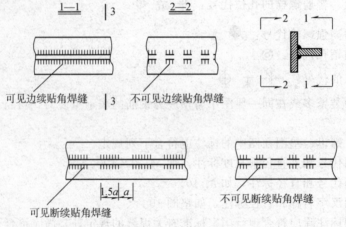

图 9-22　焊缝的图示法

（7）当组合断面的构件间相互密贴时，应采用双线条绘制。当构件组合断面过小时，可用单线条的加粗实线绘制（图 9-23）。

（8）构件的编号应采用阿拉伯数字标注（图 9-24）。

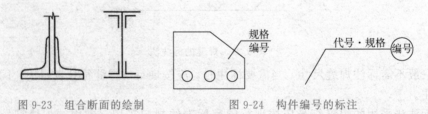

图 9-23　组合断面的绘制　　　图 9-24　构件编号的标注

（9）表面粗糙度常用的代号应符合下列规定。

①"∀"表示采用"不去除材料"的方法获得的表面，如铸、锻、冲压变形、热轧、冷

轧、粉末冶金等，或用于保持原供应状况的表面。

②"Ra"表示表面粗糙度的高度参数轮廓算术平均偏差值，单位为微米（μm）。

③"√"表示采用任何方法获得的表面。

④"∀"表示采用"去除材料"的方法获得的表面，如进行车、铣、钻、磨、剪切、抛光等加工获得。

⑤粗糙度符号的尺寸，应按图 9-25 标注。H 等于 1.4 倍字体高。

图 9-25　粗糙度符号的尺寸标注

（10）线性尺寸与角度公差的标注应符合下列规定。

①当采用代号标注尺寸公差时，其代号应标注在尺寸数字的右边 [图 9-26（a）]。

②当采用极限偏差标注尺寸公差时，上偏差应标注在尺寸数字的右上方；下偏差应标注在尺寸数字的右下方，上、下偏差的数字位数必须对齐 [图 9-26（b）]。

③当同时标注公差代号及极限偏差时，则应将后者加注圆括号 [图 9-26（c）]。

④当上、下偏差相同时，偏差数值应仅标注一次，但应在偏差值前加注正、负符号，且偏差值的数字与尺寸数字字高相同。

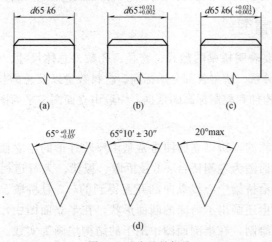

图 9-26　公差的标注

⑤角度公差的标注同线性尺寸公差 [图 9-26（d）]。

第三节　桥梁工程图

桥梁工程图中桥位平面图、桥位地质断面图及桥梁总体布置图是控制桥梁位置、地质情况及桥梁结构系统的主要图样。表示桥梁工程的图样一般可分为桥位平面图、桥位地质断面图、桥梁总体布置图、构件结构图（构件详图）等。其图示方法均采用前面所讲的基本理论和方法，现运用这些理论和方法结合专业特点论述桥梁工程图的图示内容。

一、桥位平面图

桥位平面图主要表明桥梁和路线连接的平面位置，通过实际地形测量绘出桥位处的道路、河流、水准点、地质钻孔位置、附近的地形和地物（如房屋、旧桥、旧路等），以便作为设计桥梁、施工定位的依据。其画法与路线平面图相同，只是桥位平面图一般采用较大的比例，如1：500、1：1 000、1：2 000等。

二、桥位地质断面图

桥位地质断面图是根据水文调查和地质勘探所得的资料绘制的桥位所在河床位置的工程地质断面图，包括桥位地质平面图和地质断面图（对于弯桥，则为沿桥纵轴线的展开剖面图）。桥位地质平面图反映桥位处地质的平面分布图情况。地质纵断面图包括河床断面线、最高水位线和最低水位线，作为设计桥梁和计算土石方工程数量的依据。为准确标明桥位处地质变化情况，断面图还应附公路里程桩号及地面高程表。

> **小贴士**
>
> 地质断面图为了显示地质和河床深度变化情况，特意把地形高度（标高）的比例较水平方向比例放大数倍画出。

三、桥梁总体布置图

桥梁总体布置图主要表明桥梁的型式、跨径、孔数、总体尺寸、桥面标高、桥面宽度、各主要构件的相互位置关系、桥梁各部分的标高、材料数量以及总的技术说明等，作为施工时确定墩台位置、安装构件和控制标高的依据。一般由立面图、平面图和剖面图组成。

1. 立面图

桥梁一般是左右对称的，所以立面图常常是由反映外形的半立面图和反映内形的半纵剖面图合成的。左半立面图为左侧桥台、1号桥墩、板梁、人行道栏杆等主要部分的外形视图。右半纵剖面图是沿桥梁中心线纵向剖开而得到的，2号桥墩、右侧桥台、板梁和桥面均应按剖开绘制。图中还画出了河床的断面形状，在半立面图中，河床断面线以下的结构如桥台、桩等用虚线绘制，在半剖面图中地下的结构均画为实线。由于预制桩打入到地下较深的位置，因此不必全部画出，为了节省图幅，采用了断开画法。图中还注出了桥梁各重要部位如桥面、梁底、桥墩、桥台、桩尖等处的高程，以及常水位（即常年平均水位）。

2. 平面图

桥梁的平面图也常采用半剖的形式。左半平面图是从上向下投影得到的桥面平面图，主要画出了车行道、人行道、栏杆等的位置。由所注尺寸可知，桥面车行道净宽为10 m，两边人行道各2 m。右半部采用的是剖切法，假想把上部结构移去后，画出了2号桥墩和右侧桥台的平面形状和位置。桥墩中的虚线圆是立柱的投影，桥台中的虚线正方形是下面方桩的投影。

3. 横剖面图

根据立面图中所标注的剖切位置可以看出，Ⅰ—Ⅰ剖面是在中跨位置剖切的，Ⅱ—Ⅱ剖面是在边跨位置剖切的，桥梁的横剖面图是左半部Ⅰ—Ⅰ剖面和右半部Ⅱ—Ⅱ剖面拼成的。桥梁中跨和边跨部分的上部结构相同，桥面总宽度为 14 m，是由 10 块钢筋混凝土空心板拼接而成，图中由于板的断面形状太小，没有画出其材料符号。在Ⅰ—Ⅰ剖面图中画出了桥墩各部分，包括墩帽、立柱、承台、预制打入桩等的投影。在Ⅱ—Ⅱ剖面图中画出了桥台各部分，包括台帽、台身、承台、预制打入桩等的投影。

四、构件结构图

在总体布置图中，由于比例较小，不可能将桥梁各种构件都详细地表示清楚。为了进行制作施工，还必须根据总体布置图采用较大的比例画出各构件结构图。

> **小贴士**
>
> 例如，桩基图、桥墩图、桥台图、主梁结构图等，构件结构图常采用的比例为 1∶50～1∶10。当构件的某一局部在构件中如不能清晰完整地表达时，还应采用更大的比例，如采用比例为 1∶10～1∶3 等画出局部详图。

1. 钢筋混凝土空心板图

钢筋混凝土空心板是该桥梁上部结构中最主要的受力构件，它两端搁置在桥墩和桥台上，中跨为 13 m，边跨为 10 m。

每种钢筋混凝土空心板都必须绘制钢筋布置图，现以边板为例介绍，图 9-27 为边跨 10 m 空心板的配筋图。立面图是用Ⅰ—Ⅰ纵剖面表示的（既然假定混凝土是透明的，立面图和剖面图已无多大区别，这里主要是为了避免钢筋过多的重叠，才这样处理）。由于板中有弯起钢筋，所以绘制了中横断面Ⅱ—Ⅱ和跨端横断面Ⅲ—Ⅲ，可以看出 2 号钢筋在中部时是位于板的底部，在端部时则位于板的顶部。为了更清楚地表示钢筋的布置情况，画出了空心板的顶层钢筋平面图。

> **小贴士**
>
> 整块板共有 10 种钢筋，每种钢筋都绘出了钢筋详图。这样几种图互相配合，对照阅读，再结合列出的一块板钢筋明细表，就可以清楚地了解该板中所有钢筋的位置、形状、尺寸、规格、直径、数量等内容，以及几种弯筋、斜筋与整个钢筋骨架的焊接位置和长度。

2. 桥墩图

图 9-28 为该桥桥墩构造图，主要表达桥墩各部分的形状和尺寸。这里绘制了桥墩的立面图、侧面图和Ⅰ—Ⅰ剖面图，由于桥墩是左右对称的，故立面图和剖面图均只画出一半。该桥墩由墩帽、立柱、承台和方桩组成。根据所标注的剖切位置可以看出，Ⅰ—Ⅰ剖面图实质为承台平面图，承台为长方体，长 1 500 cm、宽 200 cm、高 150 cm。承台下的方桩分两排交错（呈梅花形）布置，施工时先将预制桩打入地基，下端到达设计深度（标

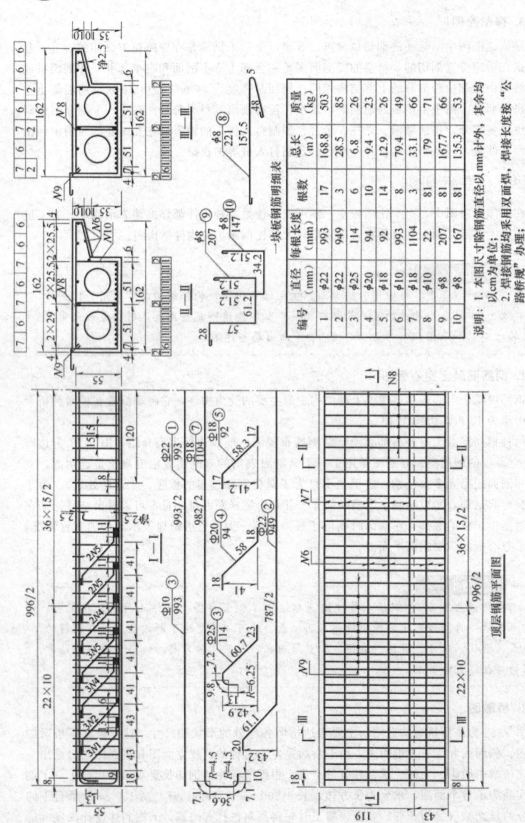

一块钢筋明细表

编号	直径(mm)	每根长度(mm)	根数	总长(m)	质量(kg)
1	Φ22	993	17	168.8	503
2	Φ22	949	3	28.5	85
3	Φ25	114	6	6.8	26
4	Φ20	94	10	9.4	23
5	Φ18	92	14	12.9	26
6	Φ10	993	8	79.4	49
7	Φ18	1104	3	33.1	66
8	Φ10	22	81	179	71
9	Φ8	207	81	167.7	66
10	Φ8	167	81	135.3	53

说明：1. 本图尺寸除钢筋直径以 mm 计外，其余均以 cm 为单位；
2. 焊接钢筋均采用双面焊，焊接长度按"公路桥规"办理；
3. N8 与 N9、N10 钢筋对应设置，N9 钢筋弯直伸入人行道。

图 9-27 边跨 10 m 空心板配筋图

高）后，再浇筑承台，桩的上端深入承台内部 80 cm，在立面图中这一段用虚线绘制。承台上有 5 根圆形立柱，直径为 80 cm、高为 250 cm。立柱上面是墩帽，墩帽的全长为 1 650 cm，宽为 140 cm，高度在中部为 116 cm，在两端为 110 cm，有一定的坡度，为的是使桥面形成 1.5% 的横坡。墩帽的两端各有一个 20 cm×30 cm 的抗震挡块，是为防止空心板移动而设置的。

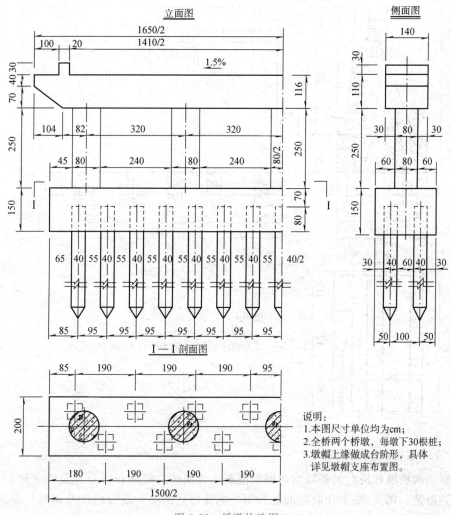

图 9-28 桥墩构造图

3. 桥台图

桥台属于桥梁的下部结构，主要是支承上部的板梁，并承受路堤填土的水平推力。

图 9-29 为该桥桥台构造图，用剖面图、平面图和侧面图表示。该桥台由台帽、台身、侧墙、承台和方桩组成。这里桥台的立面图用Ⅰ—Ⅰ剖面图代替，既可表示出桥台的内部构造，又可画出材料符号。该桥台的台身和侧墙均用 C30 混凝土浇筑而成，台帽和承台的材料为钢筋混凝土。桥台的长为 280 cm、高为 493 cm、宽 1 470 cm。由于宽度尺寸较大且对称，所以平面图只画出了一半。侧面图由台前和台后两个方向投影各取一半拼成，所谓台前是指桥台面对河流的一侧，台后则是桥台面对路堤填土的一侧。为了节省图幅，平

面图和侧面图都采用了断开画法。桥台下的方桩分两排对齐布置，排距为 180 cm，桩距为 150 cm，每个桥台有 20 根桩。

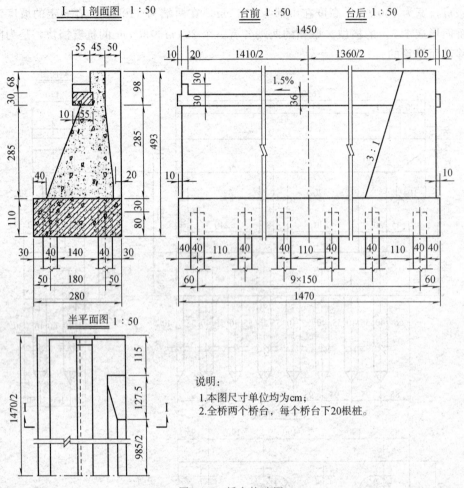

图 9-29　桥台构造图

4. 桥墩基桩钢筋构造图

该桥梁的桥墩和桥台的基础均为钢筋混凝土预制桩，桩的布置形式及数量已在上述图样中表达清楚。图 9-30 为预制桩的配筋图，主要用立面图和断面图以及钢筋详图来表达。由于桩的长度尺寸较大，为了布图的方便常将桩水平放置，断面图可画成中断断面或移出断面。

由图可以看出该桩的截面为正方形（40 cm×40 cm），桩的总长为 17 m，分上下两节，上节桩长为 8 m，下节桩长为 9 m。上节桩内布置的主筋为 8 根①号钢筋，桩顶端有钢筋网 1 和钢筋网 2 共 3 层，在接头端预埋 4 根⑩号钢筋。下节桩内的主筋为 4 根②号钢筋和 4 根③号钢筋，一直通过桩尖部位，⑥号钢筋为桩尖部位的螺旋形钢筋。④和⑤号为大小两种方形箍筋，套叠在一起放置，每种箍筋沿桩长度方向有 3 种间距，④号钢筋从两端到中央的间距依次为 5 cm、10 cm、20 cm，⑤号箍筋从两端到中央的间距分别为 10 cm、20 cm、40 cm，具体位置详见标注。画出的 I—I 剖面图实际上是桩尖投影，主要表示桩尖部的形状及⑦号钢筋与②号钢筋的位置。桩接头处的构造另有详图，这里未示出。

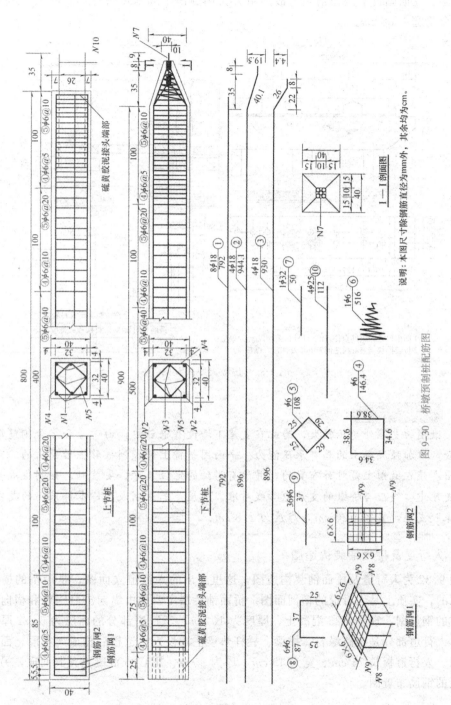

图 9-30　桥墩预制桩配筋图

5. 支座布置图

支座位于桥梁上部结构与下部结构的连接处，桥墩的墩帽和桥台的台帽上均设有支座，板梁搁置在支座上。上部荷载由板梁传给支座，再由支座传给桥墩或桥台，可见支座虽小但很重要。图 9-31 为桥墩支座布置图，用立面图、平面图及详图表示。在立面图上详细绘制了预制板的拼接情况，为了使桥面形成 1.5% 的横坡，墩帽上缘做成台阶形，以安放支座。立面画得不是很清楚，故用更大比例画出了局部放大详图，即 A 大样图，图中注出台阶宽 1.88 cm。

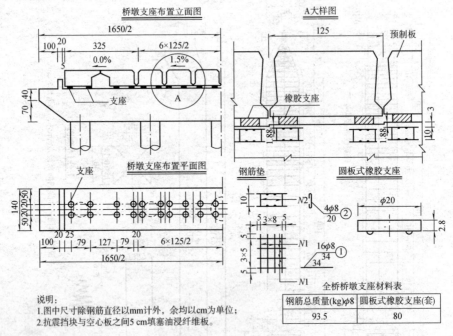

图 9-31　桥墩支座布置图

说明：
1.图中尺寸除钢筋直径以mm计外，余均以cm为单位；
2.抗震挡块与空心板之间5 cm填塞油浸纤维板。

全桥桥墩支座材料表

钢筋总质量(kg)φ8	圆板式橡胶支座(套)
93.5	80

小贴士

　　墩帽的支座处受压较大，为此在支座下增设有钢筋垫，由①号和②号钢筋焊接而成，以加强混凝土的局部承压能力。平面图是将上部预制板移去后画出的，可以看出支座在墩帽上是对称布置的，并注有详细的定位尺寸。安装时，预制板端部的地支座中心线应与桥墩的支座中心线对准。支座是工业制成品，本桥采用的是圆板式橡胶支座，直径为20 cm，厚度为2.8 cm。

6. 人行道及桥面铺装构造图

　　图 9-32 为人行道及桥面铺装构造图，这里绘出的人行道立面图，是沿桥的横向剖切而得到的，实质上是人行道的横剖面图。桥面铺装层主要是由纵向①号钢筋和横向②号钢筋形成的钢筋网，现浇 C25 混凝土，厚度为 10 cm。车行道部分的面层为 5 cm 厚沥青混凝土。人行道部分是在路缘石、撑梁、栏杆垫梁上铺设人行道板后构成架空层，面层为地砖贴面。人行道板长 74 cm、宽为 49 cm、厚为 8 cm，用 C25 混凝土预制而成，另画有人行道板的钢筋布置图。

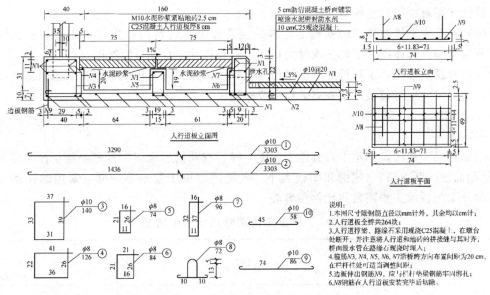

图 9-32　人行道及桥面铺装构造图

第四节　桥梁工程图读图和画图

一、读图

1. 读图的方法

读桥梁工程图的基本方法是形体分析方法。桥梁虽然是庞大而又复杂的建筑物，但它是由许多构件所组成的，只要我们了解了每一个构件的形状和大小，再通过总体布置图把它们联系起来，弄清彼此之间的关系，就不难了解整个桥梁的形状和大小了。因此必须把整个桥梁图由大化小、由繁化简、各个击破、解决整体，也就是先由整体到局部，再由局部到整体的反复读图过程。

> **小贴士**
>
> 看图的时候，决不能单看一个投影图，而是要同其他有关投影图联系起来，包括总体布置图或详图、钢筋明细表、说明等。再运用投影规律，互相对照，弄清整体。

2. 读图的步骤

（1）先看图纸的设计说明及标题栏和附注，了解桥梁名称、种类、主要技术指标、荷载等级、施工措施、比例、尺寸单位等。读桥位平面图、桥位地质断面图，了解所建桥梁的位置、水文、地质状况等。

（2）看总体布置图，掌握桥型、孔数、路径大小、墩台数目、总长、总高。了解河床断面及地质情况，看图时应先看立面图（包括纵剖面图），对照看平面图、侧面图和横剖面图等，了解桥的宽度、人行道的尺寸和主梁的断面形式等，同时要阅读图中的技术说明，这样才能对桥梁的全貌有一个初步的了解。

（3）在看懂总体布置图的基础上，再分别读懂每个构件的结构图。各构件图读懂之后，再重新阅读总体图，了解各构件的相互位置及尺寸，直到全部看懂为止。

（4）看懂桥梁图，了解桥梁所使用的建筑材料，并阅读工程数量表、钢筋明细表及说明等，再对尺寸进行校核，检查有无错误或遗漏。

二、画图

绘制桥梁工程图，基本上与其他工程图一样，有共同的规律。首先要确定投影图数目（包括剖面图、断面图）、比例和图幅大小。各类图样由于要求不一样，采用的比例也不同。表 9-7 为桥梁工程图常用比例参考表。

表 9-7　桥梁工程图常用比例参考表

项目	图名	说明	比例	
			常用比例	分类
1	桥位图	表示桥位及路线的位置及附近的地形、地物情况。对于桥梁、房屋及农作物等只画出示意性符号	（1：2 000）～（1：500）	小比例
2	桥位地质断面图	表示桥位处的河床地质断面及水文情况，为了突出河床的起伏情况，高度比例较水平方向比例放大数倍画出	（1：500）～（1：100）（高度方向比例）（1：2 000）～（1：500）（水平方向比例）	普通比例
3	桥梁总体布置图	表示桥梁的全貌、长度、高度尺寸，通航及桥梁各构件的相互位置。横剖面图可较立面图放大 1～2 倍画出	（1：500）～（1：50）	普通比例
4	构件结构图	表示梁、桥台、人行道和栏杆等杆件的构造	（1：50）～（1：10）	大比例
5	大样图（详图）	钢筋的弯曲和焊接、栏杆的雕刻花纹、细部等	（1：10）～（1：3）	大比例

注：上述 1、2、3 项中，大桥选用较小比例，小桥采用较大比例。

现以图 9-33、图 9-34 为例来说明总体布置图的绘制方法步骤。

（1）布置和画出各投影图的基线，根据所选定的比例及各投影图的相对位置把它们匀称地分布在图框内，布置时要注意空出图标、说明、投影图名称和标注尺寸的地方。

> **小贴士**
>
> 当投影图位置确定之后，便可以画出各投影图的基线或构件的中心线。如图 9-33（a）所示，首先画出 3 个图形的中心线，其次画出墩台的中心线，立面图中的水平线是以梁顶作为水平基线。

（2）画出构件的主要轮廓线，如图 9-33（b）所示，以基线或中心线作为量度的起点，根据标高及各构件的尺寸，画构件的主要轮廓线。

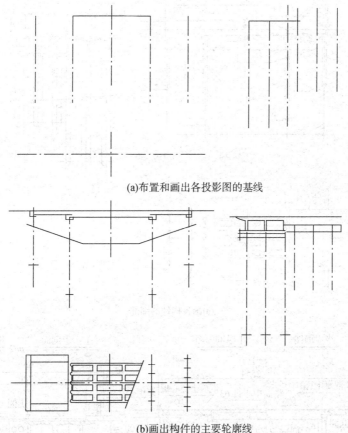

(a)布置和画出各投影图的基线

(b)画出构件的主要轮廓线

图9-33 桥梁总体布置图的画图步骤1

（3）画各构件的细部，如图9-34（*a*）所示，根据主要轮廓从大到小画全各构件的投影，注意各投影图的对应线条要对齐，并把剖面、栏杆、坡度符号线的位置、标高符号及尺寸线等画出来。

（4）加深，如图9-34（*b*）所示，各细部线条画完，经检查无误即可加深，最后画出断面符号、标注尺寸和书写文字等。

第五节 隧道工程图

隧道是道路穿越山岭的建筑物，它虽然形体很长，但中间断面形状很少变化，所以隧道工程图除了用平面图表示它的位置外，它的构造图主要用隧道洞门图、横断面图（表示洞身形状和衬砌）及避车洞图等来表达。

一、隧道洞门图

隧道洞门大体上可以分为端墙式和翼墙式两种。图9-35（*a*）为端墙式洞门立体图，图9-35（*b*）为翼墙式洞门立体图。

如图9-36所示，为端墙式隧道洞门三视图。

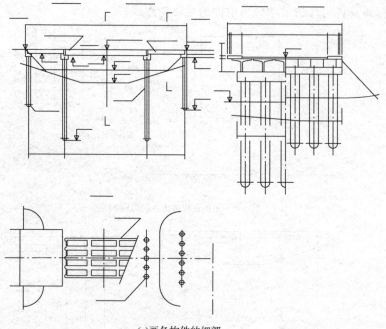

(a)画各构件的细部

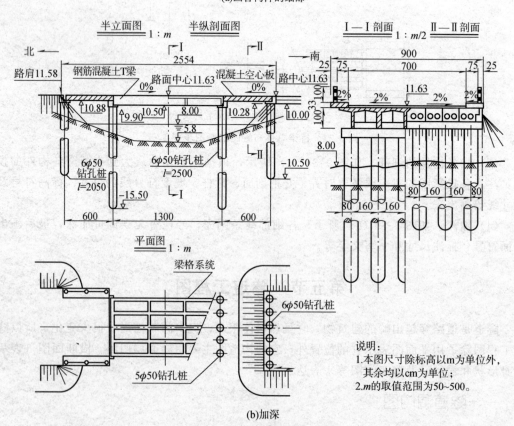

(b)加深

图 9-34　桥梁总体布置图的画图步骤 2

(a)端墙式

(b)翼墙式

图 9-35 隧道洞门立体图

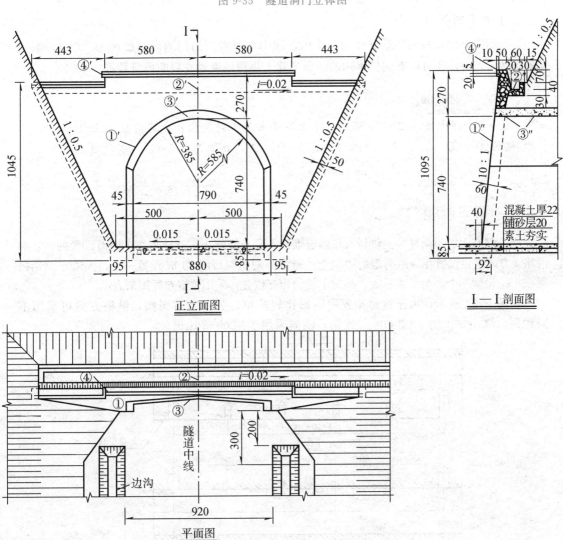

正立面图

I—I 剖面图

平面图

图 9-36 端墙式隧道洞门三视图（单位：cm）

1. 正立面图

正立面图（即立面图）是洞门的正立面投影，不论洞门是否左右对称均应画全。正立面图反映洞门墙的式样，洞门墙上面高出的部分为顶帽，同时也表示出洞口衬砌断面类型，它是由两个不同半径（R＝385 cm 和 R＝585 cm）的 3 段圆弧和两直边墙所组成，拱圈厚度为 45 cm。洞口净空尺寸高为 740 cm，宽为 790 cm；洞门墙的上面有一条从左往右方向倾斜的虚线，并注有 i＝0.02 的箭头，这表明洞门顶部有坡度为 2% 的排水沟，用箭头表示流水方向。其他虚线反映了洞门墙和隧道底面的不可见轮廓线，它们被洞门前面两侧路堑边坡和公路路面遮住，所以用虚线表示。

2. 平面图

平面图仅画出洞门外露部分的投影，它表示了洞门墙顶帽的宽度、洞顶排水沟的构造及洞门口外两边沟的位置（边沟断面未示出）。

3. I—I 剖面图

I—I剖面图中仅画出靠近洞口的一小段，图中可以看到洞门墙倾斜坡度为 10：1，洞门墙厚度为 60 cm，还可以看到排水沟的断面形状、拱圈厚度及材料断面符号等。

> **小贴士** ▶
>
> 为了读图方便，图 9-36 还在 3 个投影图上对不同的构件分别用数字注出，如洞门墙为①′、①、①″，洞顶排水沟为②′、②、②″，拱圈为③′、③、③″，顶帽为④′、④、④″等。

二、避车洞图

避车洞有大、小两种，是供行人和隧道维修人员及维修小车避让来往车辆而设置的，它们沿路线方向交错设置在隧道两侧的边墙上。通常小避车洞每隔 30 m 设置一个，大避车洞则每隔 150 m 设置一个，为了表示大、小避车洞的相互位置，采用位置布置图来表示。

如图 9-37 所示，由于这种布置图图形比较简单，为了节省图幅，纵横方向可采用不同比例，纵向常采用 1：2 000 等比例，横向采用 1：200 等比例。

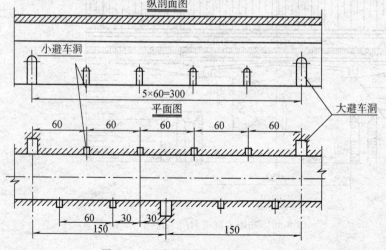

图 9-37　避车洞布置图（单位：m）

大、小避车洞构造形状类似，只是构造尺寸不同而已。如图 9-38（a）所示，为大避车洞示意图，图 9-38（b）为大避车洞详图，洞内底面两边做成斜坡以供排水之用。

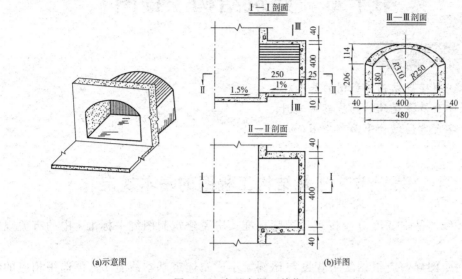

(a)示意图　　　　　　　　　　　　　　　　　　　　　　(b)详图

图 9-38　大避车洞（单位：cm）

第十章　建筑结构工程图

学习目标

1. 了解建筑结构工程图的基本规定；
2. 学会看懂建筑结构基础施工图；
3. 学会看懂结构平面布置图；

第一节　建筑结构工程图的基本规定

（1）图线的基本宽度 b 应按现行国际标准《房屋建筑制图统一标准》中的有关规定选用。

（2）每个图样，应根据复杂程度与比例大小，先选定基本线宽 b，再选用相应的线宽。根据表达内容的层次，基本线宽 b 和其他线宽可适当增加或减少。

（3）建筑结构专业制图应选用表 10-1 所示的图线。

表 10-1　图线

名称		线型	线宽	一般用途
实线	粗	——	b	螺栓，钢筋线，结构平面图中的单线结构构件线，钢木支撑及系杆线，图名下横线、剖切线
	中粗	——	$0.7b$	结构平面图及详图中剖到或可见的墙身轮廓线，基础轮廓线，钢、木结构轮廓线，钢筋线
	中	——	$0.5b$	结构平面图及详图中剖到或可见的墙身轮廓线、基础轮廓线、可见的钢筋混凝土构件轮廓线、钢筋线
	细	——	$0.25b$	标注引出线、标高符号线、索引符号细线、尺寸线
虚线	粗	----	b	不可见的钢筋线，螺栓线，结构平面图中不可见的单线结构构件线及钢、木支撑线
	中粗	----	$0.7b$	结构平面图中的不可见构件，墙身轮廓线及不可见钢、木结构构件线，不可见的钢筋线
	中	----	$0.5b$	结构平面图中的不可见构件，墙身轮廓线及不可见钢、木结构构件线，不可见的钢筋线
	细	----	$0.25b$	基础平面图中的管沟轮廓线、不可见的钢筋混凝土构件轮廓线

152

续表

名称		线型	线宽	一般用途
单点长画线	粗	—·—·—	b	柱间支撑、垂直支撑、设备基础轴线图中的中心线
	细	—·—·—	$0.25b$	定位轴线、对称线、中心线、重心线
双点长画线	粗	—··—··—	b	预应力钢筋线
	细	—··—··—	$0.25b$	原有结构轮廓线
折断线		——／\——	$0.25b$	断开界线
波浪线		～～～	$0.25b$	断开界线

（4）在同一张图纸中，相同比例的各图样应选用相同的线宽组。

（5）绘图时根据图样的用途，被绘物体的复杂程度，应选用表10-2中的常用比例，特殊情况下也可选用可用比例。

表10-2 比例

图名	常用比例	可用比例
结构平面图基础平面图	1:50，1:100，1:150	1:60，1:200
圈梁平面图，总图中管沟、地下设施等	1:200，1:500	1:300
详图	1:10，1:20，1:50	1:5，1:25，1:30

（6）当构件的纵、横向断面尺寸相差悬殊时，可在同一详图中的纵、横向选用不同的比例绘制。轴线尺寸与构件尺寸也可选用不同的比例绘制。

（7）构件的名称可用代号来表示，代号后应用阿拉伯数字标注该构件的型号或编号，也可为构件的顺序号。构件的顺序号采用不带角标的阿拉伯数字连续编排。

（8）当采用标准、通用图集中的构件时，应用该图集中的规定代号或型号注写。

（9）结构平面图应按图10-1、图10-2的规定采用正投影法绘制，特殊情况下也可采用仰视投影绘制。

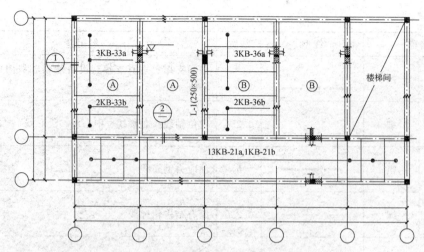

图 10-1　用正投影法绘制预制楼板结构平面图

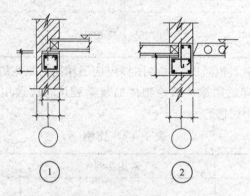

图 10-2　节点详图

（10）在结构平面图中，构件应采用轮廓线表示，当能用单线表示清楚时，也可用单线表示。定位轴线应与建筑平面图或总平面图一致，并标注结构标高。

（11）在结构平面图中，当若干部分相同时，可只绘制一部分，并用大写的英文字母（A，B，C，…）外加细实线圆圈表示相同部分的分类符号。分类符号圆圈直径为 8 mm 或 10 mm。其他相同部分仅标注分类符号。

（12）桁架式结构的几何尺寸图可用单线图表示。杆件的轴线长度尺寸应标注在构件的上方（图 10-3）。

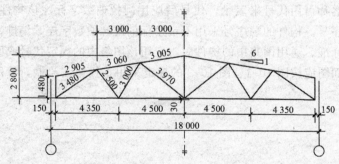

图 10-3　对称桁架几何尺寸标注方法（单位：mm）

（13）在杆件布置和受力均对称的桁架单线图中，若需要时可在桁架的左半部分标注杆件的几何轴线尺寸，右半部分标注杆件的内力值和反力值；非对称的桁架单线图，可在上方标注杆件的几何轴线尺寸，下方标注杆件的内力值和反力值。竖杆的几何轴线尺寸可标注在左侧，内力值标注在右侧。

（14）在结构平面图中索引的剖视详图、断面详图应采用索引符号表示，其编号顺序宜按图10-4的规定进行编排，并符合下列规定：①外墙按顺时针方向从左下角开始编号；②内横墙从左至右，从上至下编号；③内纵墙从上至下，从左至右编号。

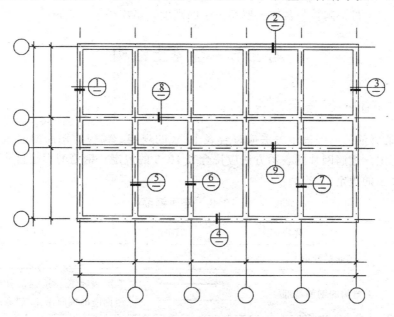

图10-4 结构平面图中索引剖视详图、断面详图编号顺序表示方法

（15）在结构平面图中的索引位置处，粗实线表示剖切位置，引出线所在一侧应为投射方向。

（16）索引符号应由细实线绘制的直径为 $8\sim10\ mm$ 的圆和水平直径线组成。

（17）被索引出的详图应以详图符号表示，详图符号的圆应以直径为 $14\ mm$ 的粗实线绘制。圆内的直径线为细实线。

（18）被索引的图样与索引位置在同一张图纸内时，应按图10-5的规定进行编排。

图10-5 被索引图样与索引位置在同一张图纸内的表示方法

（19）详图与被索引的图样不在同一张图纸内时，应按图10-6的规定进行编排，索引符号和详图符号内的上半圆中注明详图编号，在下半圆中注明被索引的图纸编号。

图10-6 详图和被索引图样不在同一张图纸内的表示方法

（20）构件详图的纵向较长，重复较多时，可用折断线断开，适当省略重复部分。

（21）图样的图名和标题栏内的图名应能准确表达图样、图纸构成的内容，做到简练、明确。

（22）图纸上所有的文字、数字和符号等，应字体端正、排列整齐、清楚正确、避免重叠。

（23）图样及说明中的汉字宜采用长仿宋体，图样下的文字高度不宜小于 $5\,mm$，说明中的文字高度不宜小于 $3\,mm$。

（24）拉丁字母、阿拉伯数字、罗马数字的高度，不应小于 $2.5\,mm$。

第二节　混凝土结构

一、钢筋的一般表示方法

（1）普通钢筋的一般表示方法应符合表 10-3 的规定。预应力钢筋的表示方法应符合表 10-4 的规定。钢筋网片的表示方法应符合表 10-5 的规定。钢筋的焊接接头的表示方法应符合表 10-6 的规定。

表 10-3　普通钢筋

序号	名称	图例	说明
1	钢筋横断面	·	—
2	无弯钩的钢筋端部		下图表示长、短钢筋投影重叠时，短钢筋的端部用45°斜画线表示
3	带半圆形弯钩的钢筋端部		—
4	带直钩的钢筋端部		—
5	带丝扣的钢筋端部		—
6	无弯钩的钢筋搭接		—
7	带半圆弯钩的钢筋搭接		—
8	带直钩的钢筋搭接		—
9	花篮螺栓钢筋接头		—
10	机械连接的钢筋接头		用文字说明机械连接的方式（如冷挤压或直螺纹等）

表 10-4 预应力钢筋

序号	名称	图例
1	预应力钢筋或钢绞线	———··———··———
2	后张法预应力钢筋断面 无黏结预应力钢筋断面	⊕
3	预应力钢筋断面	+
4	张拉端锚具	▷———··———··———
5	固定端锚具	▷———··———··———
6	锚具的端视图	⊕
7	可动连接件	——·· ╪ ··——
8	固定连接件	——·· ┿ ·——

表 10-5 钢筋网片

序号	名称	图例
1	一片钢筋网平面图	W-1
2	一行相同的钢筋网平面图	3W-1

注：用文字注明焊接网或绑扎网片。

表 10-6 钢筋的焊接接头

序号	名称	接头形式		标注方法
1	单面焊接的钢筋接头			
2	双面焊接的钢筋接头			
3	用帮条单面焊接的钢筋接头			
4	用帮条双面焊接的钢筋接头			

序号	名称	接头形式	标注方法
5	接触对焊的钢筋接头（闪光焊、压力焊）		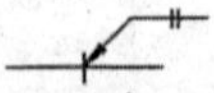
6	坡口平焊的钢筋接头	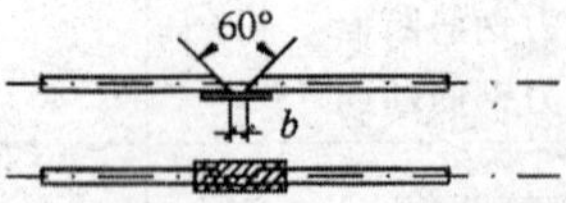	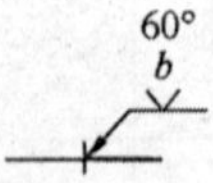
7	坡口立焊的钢筋接头	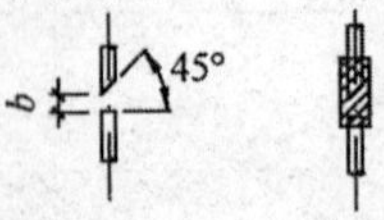	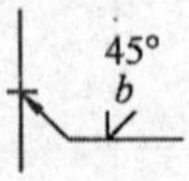
8	用角钢或扁钢做连接板焊接的钢筋接头	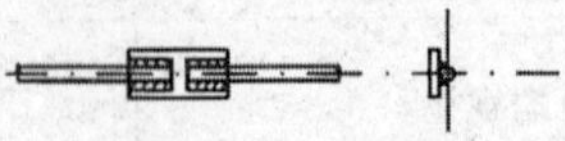	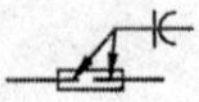
9	钢筋或螺（锚）栓与钢板穿孔塞焊的接头	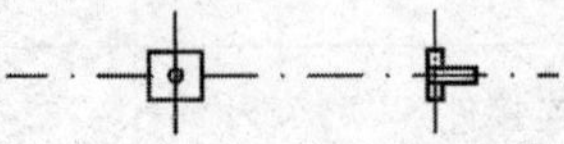	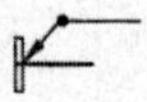

（2）钢筋的画法应符合表 10-7 的规定。

表 10-7　钢筋画法

序号	说明	图例
1	在结构楼板中配置双层钢筋时，底层钢筋的弯钩应向上或向左，顶层钢筋的弯钩则向下或向右	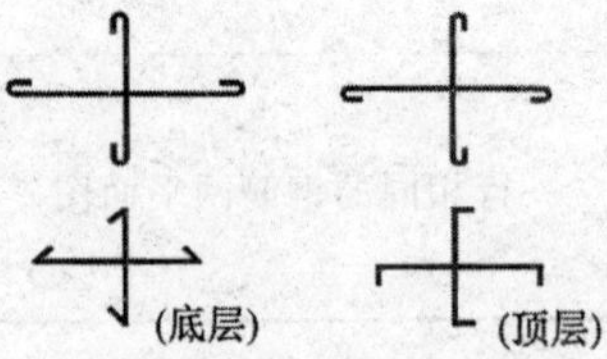 （底层）　（顶层）
2	钢筋混凝土墙体配双层钢筋时，在配筋立面图中，远面钢筋的弯钩应向上或向左而近面钢筋的弯钩向下或向右（JM 近面，YM 远面）	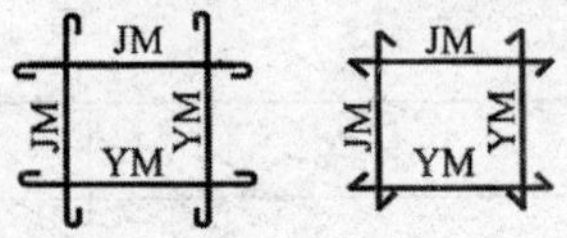 JM　JM
3	若在断面图中不能表达清楚的钢筋布置，应在断面图外增加钢筋大样图（如钢筋混凝土墙，楼梯等）	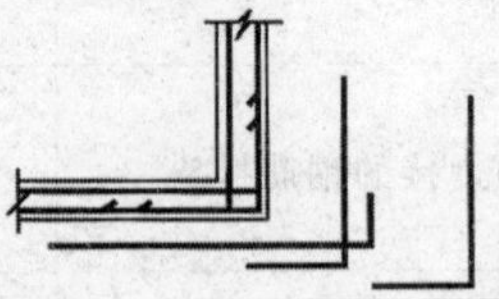

续表

序号	说明	图例
4	图中所表示的箍筋、环筋等若布置复杂时，可加画钢筋大样及说明	
5	每组相同的钢筋、箍筋或环筋，可用一根粗实线表示，同时用一两端带斜短画线的横穿细线，表示其钢筋及起止范围	

（3）钢筋、钢丝束及钢筋网片应按下列规定进行标注：①钢筋、钢丝束的说明应给出钢筋的代号、直径、数量、间距、编号及所在位置，其说明应沿钢筋的长度标注或标注在相关钢筋的引出线上。②钢筋网片的编号应标注在对角线上。网片的数量应与网片的编号标注在一起。③钢筋、杆件等编号的直径宜采用 $5\sim6~mm$ 的细实线圆表示，其编号应采用阿拉伯数字按顺序编写。④简单的构件、钢筋种类较少可不编号。

（4）钢筋在平面、立面、剖（断）面中的表示方法应符合下列规定：

①钢筋在平面图中的配置应按图 10-7 所示的方法表示。当钢筋标注的位置不够时，可采用引出线标注。引出线标注钢筋的斜短画线应为中实线或细实线。

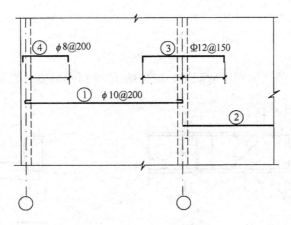

图 10-7　钢筋在平面图中配置的表示方法

②当构件布置较简单时，结构平面布置图可与板配筋平面图合并绘制。

③平面图中的钢筋配置较复杂时，可按表 10-7 及图 10-8 的方法绘制。

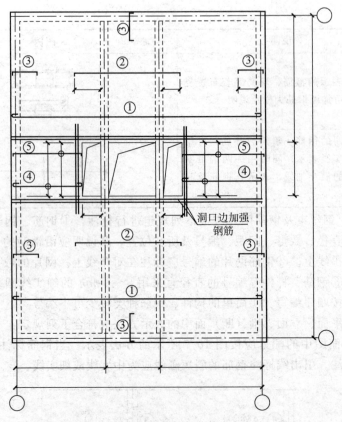

图 10-8　楼板配筋较复杂的表示方法

④钢筋在梁纵、横断面图中的配置，应按图 10-9 所示的方法表示。

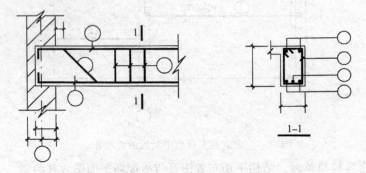

图 10-9　梁纵、横断面图中钢筋表示方法

（5）构件配筋图中箍筋的长度尺寸，应指箍筋的里皮尺寸。弯起钢筋的高度尺寸应指钢筋的外皮尺寸（图 10-10）。

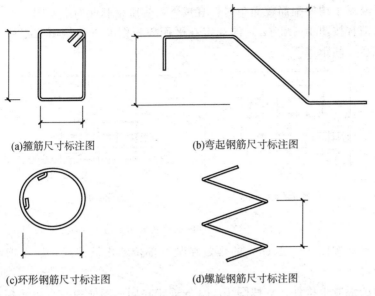

(a)箍筋尺寸标注图　　　　　(b)弯起钢筋尺寸标注图

(c)环形钢筋尺寸标注图　　　　(d)螺旋钢筋尺寸标注图

图 10-10　钢箍尺寸标注法

二、钢筋的简化表示方法

（1）当构件对称时，采用详图绘制构件中的钢筋网片可按图 10-11 的方法用 1/2 或 1/4 表示。

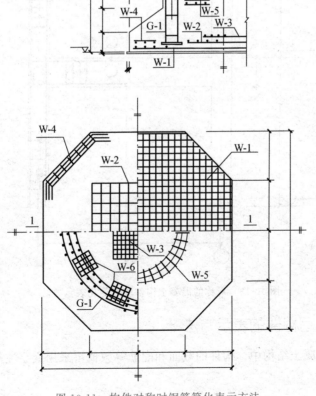

图 10-11　构件对称时钢筋简化表示方法

（2）钢筋混凝土构件配筋较简单时，宜按下列规定绘制配筋平面图：

①独立基础宜按图 10-12（a）的规定在平面模板图左下角绘出波浪线，绘出钢筋并标注钢筋的直径、间距等。

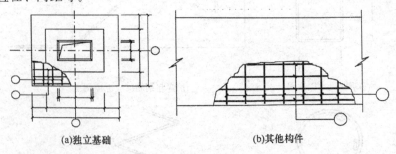

(a)独立基础   (b)其他构件

图 10-12　构件配筋简化表示方法

②其他构件宜按图 10-12（b）的规定在某一部位绘出波浪线，绘出钢筋并标注钢筋的直径、间距等。

（3）对称的混凝土构件，宜按图 10-13 的规定在同一图样中一半表示模板，另一半表示配筋。

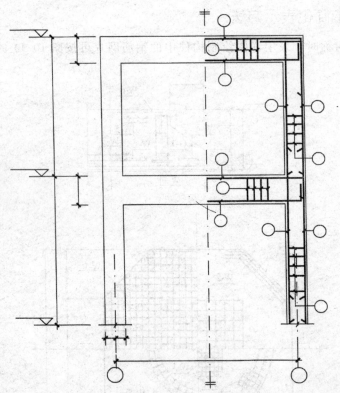

图 10-13　对称的混凝土构件配筋简化表示方法

三、文字注写构件的表示方法

（1）在现浇混凝土结构中，构件的截面和配筋等数值可采用文字注写方式表达。

（2）按结构层绘制的平面布置图中，直接用文字表达各类构件的编号（编号中含有构件的类型代号和顺序号）、断面尺寸、配筋及有关数值。

（3）混凝土柱可采用列表注写和在平面布置图中截面注写方式，并应符合下列规定：①列表注写应包括柱的编号、各段的起止标高、断面尺寸、配筋、断面形状和箍筋的类型等有关内容。②截面注写可在平面布置图中，选择同一编号的柱截面，直接在截面中引出断面尺寸、配筋的具体数值等，并应绘制柱的起止高度表。

（4）混凝土剪力墙可采用列表和截面注写方式，并应符合下列规定：①列表注写分别在剪力墙柱表、剪力墙身表及剪力墙梁表中，按编号绘制截面配筋图并注写断面尺寸和配筋等。②截面注写可在平面布置图中按编号，直接在墙柱、墙身和墙梁上注写断面尺寸、配筋等具体数值的内容。

（5）混凝土梁可采用在平面布置图中的平面注写和截面注写方式，并应符合下列规定：①平面注写可在梁平面布置图中，分别在不同编号的梁中选择一个，直接注写编号、断面尺寸、跨数、配筋的具体数值和相对高差（无高差可不注写）等内容。②截面注写可在平面布置图中，分别在不同编号的梁中选择一个，用剖面号引出截面图形并在其上注写断面尺寸、配筋的具体数值等。

（6）重要构件或较复杂的构件，不宜采用文字注写方式表达构件的截面尺寸和配筋等有关数值，宜采用绘制构件详图的表示方法。

（7）基础、楼梯、地下室结构等其他构件，当采用文字注写方式绘制图纸时，可采用在平面布置图上直接注写有关具体数值，也可采用列表注写的方式。

（8）采用文字注写构件的尺寸、配筋等数值的图样，应绘制相应的节点做法及标准构造详图。

四、预埋件、预留孔洞的表示方法

（1）在混凝土构件上设置预埋件时，可按图 10-14 的规定在平面图或立面图上表示。引出线指向预埋件，并标注预埋件的代号。

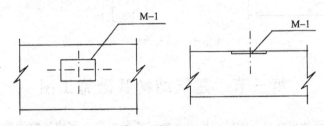

图 10-14　预埋件的表示方法

（2）在混凝土构件的正、反面同一位置均设置相同的预埋件时，可按图 10-15 的规定引出线为一条实线和一条虚线并指向预埋件，同时在引出横线上标注预埋件的数量及代号。

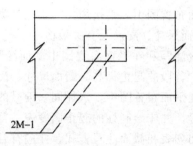

图 10-15　同一位置正、反面预埋件相同的表示方法

（3）在混凝土构件的正、反面同一位置设置编号不同的预埋件时，可按图 10-16 的规定引一条实线和一条虚线并指向预埋件。引出横线上标注正面预埋件代号，引出横线下标注反面预埋件代号。

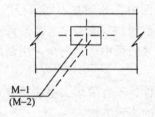

图 10-16　同一位置正、反面预埋件不相同的表示方法

（4）在构件上设置预留孔、洞或预埋套管时，可按图 10-17 的规定在平面或断面图中表示。引出线指向预留（埋）位置，引出横线上方标注预留孔、洞的尺寸，预埋套管的外径。横线下方标注孔、洞（套管）的中心标高或底标高。

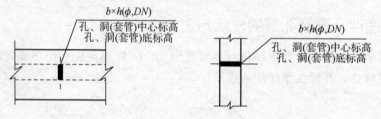

图 10-17　预留孔、洞及预埋套管的表示方法

第三节　建筑结构基础施工图

基础是位于建筑物地面以下的结构组成部分，主要承受上部建筑物的全部荷载（包括建筑物自重及建筑物内人员、设备的重量，风、雪荷载及地震作用），并将荷载传递给地基。

根据建筑结构形式的不同，基础可分为独立基础、条形基础、筏板基础、箱形基础、桩基础等，基础的形式取决于上部承重结构的形式。其中前几种基础埋深较浅，一般不大于 $5\,m$，称这类基础为浅基础；而桩基等基础埋深一般较深，大于 $5\,m$ 的情况称之为深基础。

小贴士
　基础施工图一般由基础平面图、基础详图和设计说明组成。

基础平面图是假想用一个水平面沿建筑物室内地面以下剖切后，移去建筑物上部和基坑回填土后所作的水平剖面图，如图 10-18 所示。它主要表达基础的平面布置情况以及基础与墙、柱定位轴线的相对关系，是房屋施工过程中指导放线、基坑开挖、定位基础的依据。

下面就几种常见的基础形式介绍其施工图的绘制特点和识读方法。

一、独立基础

当建筑物上部结构采用框架结构或单层排架结构承重时，基础常采用方行、圆柱形和多边形等形式的独立式基础，这类基础称为独立基础。

本节实例某别墅采用框架结构，基础形式是独立基础。其基础平面布置图按 1：100 的比例绘制，如图 10-18 所示。

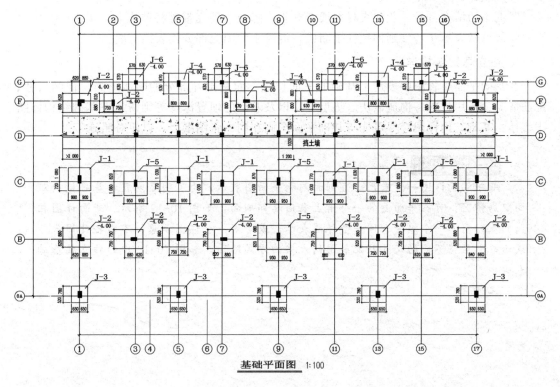

基础平面图 1:100

图 10-18　独立基础平面布置图

1. 基础施工说明

在基础平面布置图中将对基础部分的施工给出说明，由图 10-18 可知该基础持力层的名称、地基承载力特征值的取值、基础采用的材料及基础施工时的注意事项等。

（1）图线。

①定位轴线。基础平面图中的定位轴线的编号和尺寸必须与建筑施工图相一致。

定位轴线是施工定位和放样的依据，也是基础平面图中的重要内容。

②基础轮廓线。基础轮廓线投影到平面中即基础底边线的平面尺寸，制图时常将基础轮廓线用粗实线表示。用细实线引出基础编号，不同的基底标高写在基础编号下方。如图 10-18 所示在基础编号 $J-2$ 下方的 -4.00 代表此处基底标高为 $-4.00\ m$。

③柱子。基础平面图部分需要表达柱子与基础的定位关系，在图纸中用涂黑的几何形状表示柱子需要往上部做。

（2）尺寸标注。

尺寸标注用来确定基础尺寸和平面位置，除了定位轴线外，基础平面图中的标注对象就是基础各个部位的定位尺寸（一般均以定位轴线为基准确定构件的平面位置）。在图 10-18 中，①轴上 $J-3$ 基础底面尺寸为 $1\ 300\ mm \times 1\ 300\ mm$，水平方向居中，距轴线尺寸每边各 $650\ mm$，竖直方向往⑩A轴方向偏心 $130\ mm$。

（3）填充符号。

图纸中的填充符号一般代表材料或者升板、降板、后浇带等特殊构造。图 10-18 中涂黑的几何形状表示从基础延伸到柱子断面，混凝土的填充部分代表挡土墙。

2. 独立基础结构详图

在基础平面布置图中表达了基础的平面位置，而基础各部分的断面形式、详细尺寸、配筋情况、所用材料、构造做法（垫层等）以及基础的埋置深度等则需要在基础结构详图中表达。基础结构详图应尽可能与基础平面图画在同一张图纸上，以便对照施工。

基础结构详图一般采用垂直剖面图和平面图表示，为了明显地表示基础板内双向配筋情况，可在平面图的一个角上采用局部剖面，如图 10-19 所示。断面详图相同的基础用同一个编号、同一个详图表示，或者用一个详图示意，不同之处用代号表示，然后将不同的尺寸及配筋用列表格的方式给出，如图 10-19 中的独立柱基础表所示。

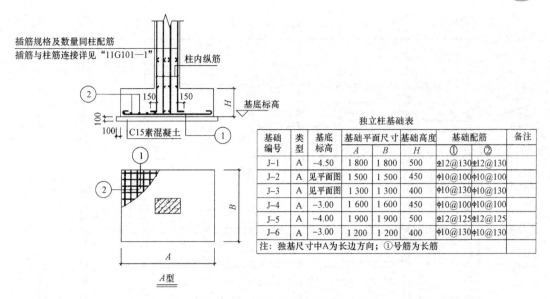

图 10-19　独立基础结构详图

基础详图的绘制比例见表 9-2 所示，其图示内容主要有以下几点。

（1）基础断面轮廓线和基础配筋。

在基础结构详图上要画出基础的断面轮廓，如图 10-19 所示，用 A 表示基础底面的长边，用 B 表示基础底面的短边。

> **小贴士**
>
> 不同的基础 A 和 B 的取值不同，需查阅独立柱基础表；基础的配筋由①、②引出，分别代表沿基础长边方向的配筋和沿基础短边方向的配筋，也可在独立柱基础表中查得。基础结构详图还需注明基础的代号或图名、定位轴线及编号。

（2）柱子断面轮廓线。

如图 10-19 所示，用混凝土符号填充的部分为柱子断面轮廓线，平面图与垂直剖面图相对应可看出柱子位于独立基础正上方，柱内钢筋插入基础底面，做 150 mm 长的弯折以便钢筋直立。柱子的具体尺寸及定位见柱平面布置图。

（3）尺寸标注。

在基础结构详图中要将整个基础的外形尺寸、钢筋尺寸、定位轴线到基础边缘尺寸以及各细部尺寸都标注清楚。还应标注室内外地面、基础底面的标高。

二、条形基础

条形基础属于连续分布的基础，其长度方向的尺寸远大于宽度方向。条形基础根据上部结构的不同又分为墙下条形基础和柱下条形基础两种。

1. 墙下条形基础

图 10-20 是某民用住宅的基础平面布置图，该住宅上部结构为砌体结构，因而采用了墙下条形基础。

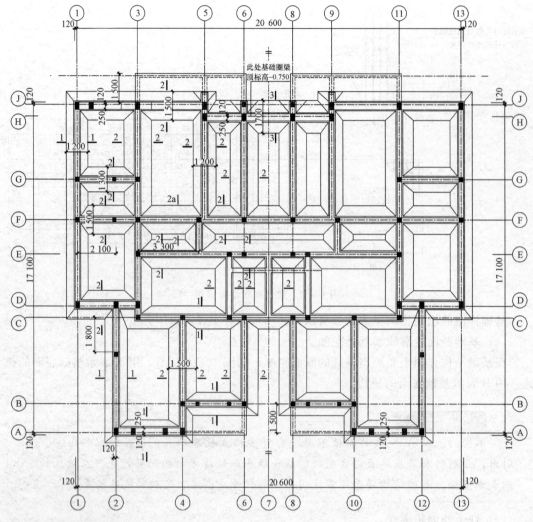

设计说明:

1.本工程的±0.000对应的相对标高现场定。

2.图中未注墙均为240 mm,均轴线居中。

3.本工程地基处理采用换填垫层法,基坑开挖至-3.50 m标高后,先进行普探,待问题坑处理后,用1 000厚的3:7灰土分层碾压回填至标高-2.50 m,要求灰土的压实系数不应小于0.97,处理完后的灰土垫层承载力特征值≥220 kPa。

4.未尽事宜应按照《建筑地基处理技术规范》(JGJ 79—2002)及有关规定执行。

图 10-20　墙下条形基础平面布置图

（1）基础设计说明。

在基础平面布置图中针对基础部分给出专门的文字说明,从设计说明中可知±0.000标高的确定、图中未注明的墙厚及定位、基坑开挖深度及地基处理办法、垫层承载力特征值等等。

（2）图线。

本施工图中的图线有以下几种。

①定位轴线:与独立基础平面布置图中一致。

②墙身线：定位轴线两侧的中粗线是墙的断面轮廓线，两墙线外侧的实线是可见的基础底部的轮廓线，由设计说明可知未注明的墙线均为轴线居中定位，即 240 mm 厚墙均轴线居中、370 mm 墙均为轴线偏心。

③基础圈梁线：此工程基础圈梁沿墙满布（在结构总说明中给出），因此不用画出基础圈梁的平面布置，而它的截面尺寸、梁顶标高及配筋需在图 10-21 所示的墙下条形基础详图中查得。

④构造柱：为满足抗震设防的要求，砌体结构房屋要设置构造柱，构造柱通常从基础梁或者基础圈梁的顶面开始设置，图纸中涂黑的部分即为构造柱的截面。

（3）剖切符号。

由于上部结构布置、荷载或者地基承载力不同，在实际设计中房屋不同位置的基础尺寸和配筋等不尽相同。在基础平面图中相应的位置画出剖切符号并注明断面编号，以便分别画出它们的断面详图。断面编号可以采用阿拉伯数字或者英文字母，注写的一侧为剖视方向。如图 10-20 所示的 1－1 剖面看图方向是从①轴往Ⓐ轴看、从①轴往⑬轴看。

（4）尺寸标注。

除了定位轴线外，基础平面图中的标注对象为基础各个部位的定位尺寸和定形尺寸。图 10-20 中标注 1－1 剖面基础宽度为 1 200 mm，2－2 剖面基础宽度为 1 500 mm。①轴上墙厚为 370 mm，墙体偏心，墙体两边线到定位轴线分别为 120 mm 和 250 mm。

墙下条形基础的结构详图如图 10-21 所示，对照图 10-20 和图 10-21 可以看出如下内容。

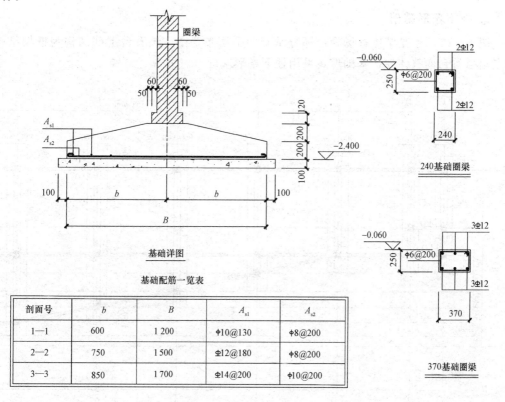

基础详图

基础配筋一览表

剖面号	b	B	A_{s1}	A_{s2}
1—1	600	1 200	$\Phi10@130$	$\Phi8@200$
2—2	750	1 500	$\Phi12@180$	$\Phi8@200$
3—3	850	1 700	$\Phi14@200$	$\Phi10@200$

图 10-21 墙下条形基础详图

①图 10-21 所示为墙下钢筋混凝土条形基础，粗实线代表钢筋线；条形基础上部用斜线进行图案填充的部分为墙体，下部面积不同的三角形填充的部分为素混凝土垫层，条形基础及圈梁部分为钢筋混凝土。

②基础垫层的厚度为 100 mm，基础底面标高为－2.400 m，基础圈梁的顶标高从圈梁配筋详图中查阅为－0.060 m，结合平面图中①轴上⑥～⑧轴之间的文字说明知此处圈梁顶标高为－0.750 m，即此处基础圈梁标高降低，这一般是设备专业需要进出管道等为防止管道将基础圈梁打断而采取的措施。

③图 10-21 中基础配筋一览表给出了 1－1、2－2、3－3 这 3 种基础断面的基础宽度分别为 1 200 mm、1 500 mm、1 700 mm；从表格中 b 和 B 的数值可以看出以上基础均为轴线居中；沿基础长度方向的配筋为 A_{S1}，沿基础宽度方向的配筋为 A_{S2}；剖面 1－1、2－2、3－3 剖切的基础断面位置在图 10-20 条形基础平面布置图中查阅。

④基础圈梁的配筋分为两种情况：一种为 240 mm 厚墙体内设置的基础圈梁宽度同墙厚，高度为 250 mm，纵筋为上下各两根牌号为 HRB335、直径为 12 mm 的钢筋，箍筋为牌号为 HPB300、直径为 6 mm 的两肢箍，箍筋间距为 200 mm；另外一种为 370 mm 厚墙体内设置的基础圈梁宽度同墙厚，高度为 250 mm，纵筋为上下各 3 根牌号为 HRB335、直径为 12 mm 的钢筋，箍筋为牌号为 HPB300、直径为 6 mm 的两肢箍，箍筋间距为 200 mm。

一般情况下，将基础平面布置图和基础详图、设计说明等有关基础部分的施工图都画在一张图纸中以便查阅，一张图纸放置不下时可将基础详图放在其他适当的图纸中。

2. 柱下条形基础

图 10-22 所示是某体育场看台部分基础的平面布置图，该看台上部结构为框架结构，为了增强看台的整体性，基础形式采用柱下条形基础。

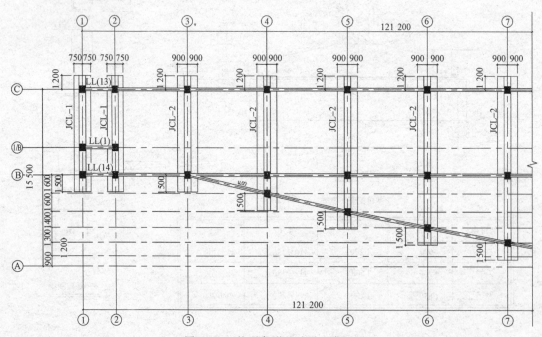

图 10-22　柱下条形基础平面布置图

对照图 10-22 和图 10-23 可以看出。

(1) 图 10-22 为柱下条形基础平面布置图，图 10-23 为柱下条形基础 $JCL-1$ 的纵剖面图和横断面图，这 3 个部分相对应。

(2) 此基础由条形基础和基础联系梁（用 LL 表示）组成。其中条形基础可认为由基础梁（图中用 JCL 表示）和锥形扩展基础两部分组成，基础梁宽为 $600\,mm$，高 $1\,350\,mm$，基础梁顶标高为 $-0.750\,mm$；梁上部配置 7 根直径为 $18\,mm$、牌号为 $HRB400$ 的钢筋；下部配置 7 根直径为 $22\,mm$、牌号为 $HRB400$ 的钢筋；腰部配置 12 根直径为 $14\,mm$、牌号为 $HRB400$ 的钢筋，梁两侧各 6 根；梁两侧腰筋配置了直径为 $12\,mm$、牌号为 $HPB300$ 的拉结筋；箍筋为 $\phi8@200$。基础底面配筋情况：沿基础宽度方向为 $\phi12@100$，沿基础长度方向配置 $\phi8@150$ 钢筋，见图 10-23 中的详图 $JCL-1$。

(3) 基础底标高为 $-2.1\,m$，基础中心位置与定位轴线均重合，每根基础梁上的柱子都用涂黑的矩形表示。

(4) 图 10-23 中只给了 $JCL-1$ 的横断面图及纵剖面图。

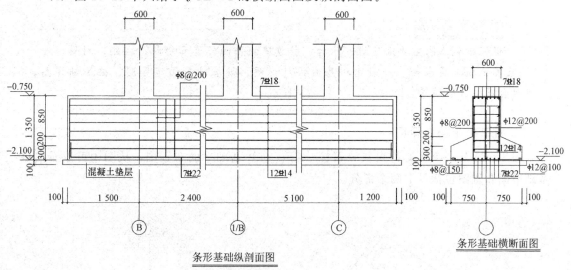

条形基础纵剖面图

条形基础横断面图

图 10-23　柱下条形基础的纵剖面图和横断面图

三、桩基础

当浅层地基上无法满足建筑物对地基变形和承载力的要求时，可以利用深层较坚硬的土层作为持力层，从而设计成深基础（基础埋深大于基础宽度且深度超过 $5\,m$ 的基础）。桩基础便是一种常见的深基础，它通常由承台和桩身两部分组成，如图 10-24 所示，上部承台的作用是把下面的若干根桩联结成整体，通过承台把上部结构荷载传递给桩，再传给桩下层较坚实的土层。

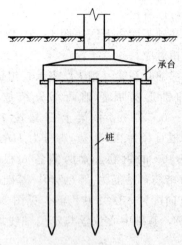

图 10-24 桩基础示意图

> **小贴士**
>
> 桩基础施工图主要表达桩、承台、柱或墙的平面位置和形状，桩距，材料、配筋及其他施工要求等。一般由桩基础设计说明、桩基础平面布置图、桩基础详图（承台及桩身配筋等）组成。

1. 桩基础平面布置图

图 10-25 是一个水泥粉煤灰碎石桩（CFG 桩）基础平面布置图，从图中可以看出桩基础平面布置图包括以下两个部分。

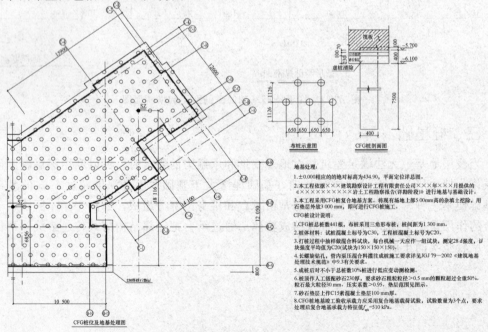

图 10-25 桩基础平面布置图

（1）设计说明。

在桩基础施工图的绘制过程中，有一些设计或者施工要求可通过文字表达，即桩基础设计说明，主要包括以下几个方面的内容：①设计依据、场地绝对标高值；②桩的种类、施工方式、单桩承载力特征值；③桩基持力层的选择、桩入土深度的控制方法；④桩身采用的混凝土强度等级、保护层厚度、钢筋类别；⑤试桩要求、试桩数量及平面位置；⑥在施工中应注意的事项。

（2）平面布置图。

桩基础平面布置图是用一个在桩顶附近的假想平面将基础剖切并移去上部结构后形成的水平投影图。

> **小贴士**
>
> 桩基础平面布置图的主要内容包括：图名，比例，定位轴线及编号，尺寸间距，桩的平面位置及编号，承台的平面布置。

2. 桩基础详图

（1）桩身详图。

桩身详图是通过桩中心的竖直剖切图。桩身较长时，绘图可将其用双打断符号打断，以省略中间相同部分。桩身详图主要包括：①图名，桩径、桩长、桩顶嵌入承台的长度；②桩主筋及箍筋的数量，钢筋牌号、直径及间距，桩内钢筋的长度，钢筋伸入承台内的长度；③桩身横断面图。

（2）承台详图。

承台详图反映承台和承台梁的剖面形式、细部尺寸、配筋情况及其他特殊构造。它主要包括：①承台和承台梁剖面形式、细部尺寸、配筋情况；②所用的垫层材料、垫层厚度。

> **小贴士**
>
> 识读完基础施工图后应该清楚基础采用的形式，记住轴线尺寸等有关数据，明确基坑开挖深度和基础底标高、基础尺寸、基础配筋、预留孔洞位置等内容。

第四节 结构平面布置图

建筑物的结构形式是根据基础以上部分的结构形式来区分的。建筑结构的形式根据所使用的材料不同，可分为钢筋混凝土结构、砌体结构、钢结构、木结构、混合结构等；根据承重结构类型和受力体系不同，建筑结构可分为砖混结构、框架结构、剪力墙结构、框架—剪力墙结构、筒体结构、网壳结构等。本节以钢筋混凝土结构为例，对钢筋混凝土结构施工图的识读进行讲解。

一、结构平面布置图概述

结构平面布置图是用以表达房屋上部结构的布置情况。结构平面布置图采用正投影法绘制，假想用一个水平剖切面沿着楼板上表面剖切，移去上面部分所得的水平投影图。结构平面图与建筑平面图所选的剖切位置不同，建筑平面图是在窗台高度以上约 $1.2 m$ 的位置沿水平方向将建筑物切开，而结构平面图是沿着楼板上表面处将建筑物切开的。对于多层建筑，一般应分层绘制，但当各层平面布置相同，结构构件的尺寸、类型、数量及布置均相同时，可以只绘制一个标准层，在图名中写出相应的楼层号即可。

> **小贴士** ▶
>
> 结构构件一般应画出其轮廓线。如果平面对称布置可以用对称符号来表达。楼梯间和电梯间另外画有详图，所以在平面中用交叉对角线表示它的范围，并附上楼梯和电梯的编号。
>
> 结构平面布置图由墙柱平面布置图、梁平面布置图和板平面布置图 3 部分组成。在对称布置的结构图中，为了方便，往往将后两项内容放在同一张施工图中表达，对称结构的一边画板配筋另一边画梁配筋。

钢筋混凝土结构目前常采用平面整体表示法即"平法"绘制，下面分别对柱、墙、梁和板的"平法"施工图识读方法进行介绍。

二、柱平法施工图

柱平法施工图是指在柱平面布置图上采用截面注写方式或列表注写方式表达柱子的配筋。截面注写方式和列表注写方式均需要按照柱子的类型进行编号，编号由类型代号和序号组成，比如 KZ3 代表第三种框架柱，见表 10-8。

表 10-8　柱编号

柱类型	代号	序号	柱类型	代号	序号
框架柱	KZ	××	梁上柱	LZ	××
框支柱	KZZ	××	剪力墙上柱	QZ	××

注：编号时，当柱的总高、分段截面尺寸和配筋均相同，仅分段截面与轴线关系不同时，可将其列为同一编号。

1. 截面注写法

截面注写法指在柱平面布置图上，在同一编号的柱中选择一个截面，直接在截面上注写截面尺寸和配筋的具体数值。当纵筋采用不同直径的钢筋时，需注写截面各边中部钢筋的具体配筋。柱子的截面注写方式适用于柱距比较大、柱子编号不多的情况。

图 10-26 为某建筑从 ±0.00～6.00 m 柱平面布置图，图中画出了柱相对于定位轴线的位置关系、柱截面注写方式。配筋图是采用双比例绘制的，首先按 1∶100 对结构中的柱进行编号，将具有相同截面、配筋形式的柱编为一个号，从合适的位置挑选出任意一个柱，在其所在的平面位置上按 1∶20 原位放大绘制柱截面配筋图，并标注截面尺寸、角筋或全部纵筋、箍筋的直径和间距。放大的比例一般为 1∶20、1∶25、1∶30、1∶50。所标注的文字中，主要有以下内容。

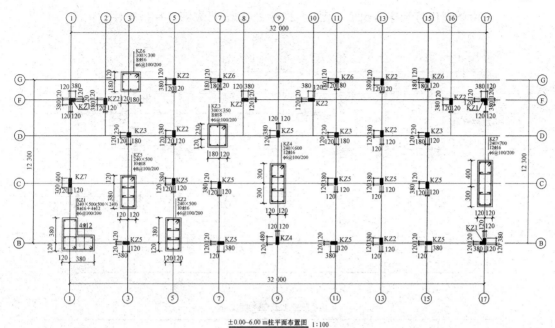

±0.00~6.00 m柱平面布置图 1:100

图 10-26 柱平法施工图截面注写法

（1）柱截面尺寸。

如 KZ1 截面形状为 L 形，截面尺寸为 240 mm×500 mm（500 mm×240 mm），说明在标高±0.00～6.00 m 范围内①轴截面为 240 mm×500 mm，⑰轴截面为 500 mm×240 mm。①轴与⑰轴相对称。

（2）柱的定位尺寸。

柱相对定位轴线的位置关系即柱的定位尺寸。在截面注写方式中，对每个柱与定位轴线的相对关系，不论柱的中心是否经过定位轴线，都要给予明确的尺寸标注，相同编号的柱如果只有一种放置方式，则可只标注一个。无标注者一般认为柱中心线与轴线重合。

（3）柱的配筋。

柱的配筋包括纵筋和箍筋，纵筋的标注有两种情况：第一种如 KZ1，其纵筋有两种规格，在集中标注中标明角筋的数量和直径（8 根直径为 16 mm 的 HRB335 级钢筋），在图中相应钢筋位置引出另外一种钢筋的数量和直径（4 根直径为 12 mm 的 HRB335 级钢筋）；第二种情况，如 KZ2，其纵筋只有一种规格，直接在集中标注中写出所有纵筋的数量和直径（10 根直径为 16 mm 的 HRB335 级钢筋）。箍筋的直径、间距和形式可通过截面图直观表达（如 KZ1 箍筋的配置情况为直径为 6 mm 的 HRB300 级钢筋；箍筋在加密区每隔 100 mm 配置一道，在非加密区为间距 200 mm 配置一道；箍筋形式为一个双肢箍和两个单肢箍）。

2. 列表注写法

列表注写法是指在柱的平面布置图上，分别在同一编号的柱中选择一个或几个截面形状画在表格中，并在表格中注写柱的编号、柱段起止标高，几何尺寸和配筋的具体数值，通过表格来查找柱子配筋。柱列表注写法的主要内容如下。

（1）柱编号。

柱编号由类型代号和序号组成，图 10-27 中的 KZ5 代表第 5 种框架柱。

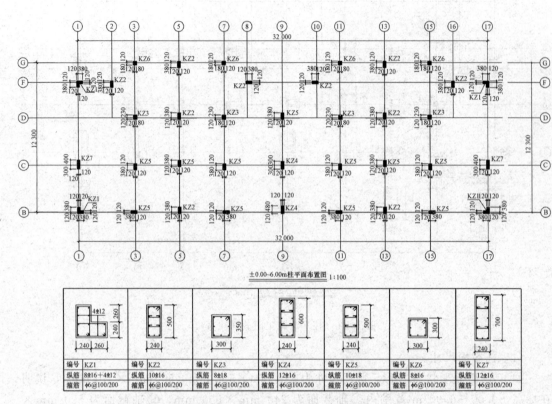

图 10-27　柱平法施工图列表注写法

（2）各段柱子的起止标高。

图 10-27 所示为 ±0.00～6.00 m 柱平面布置图，因此各柱的起止标高均为 ±0.00～6.00 m，在图中不再另外标注。一层柱的起始标高从基础顶算起；梁上柱的起始标高从梁顶算起；剪力墙上柱的纵筋锚固在墙顶面时，柱子的起始标高为墙顶面。

（3）柱子截面尺寸。

本例图中柱子截面尺寸直接在表格中给出；当柱子截面类型相同但尺寸不同时用 $b \times h$ 表示柱子的截面尺寸，用 $b_1 + b_2$、$h_1 + h_2$ 表示截面某一边距轴线的位置关系；对于圆柱直接用字母 d 来表示柱子直径。

（4）柱的纵筋。

对于矩形柱可将纵筋分为角筋、b 边中部钢筋和 h 边中部钢筋 3 部分，分别在表格中列出。对于不规则形状柱子（工程上称异形柱），配筋可参照图 10-27 中的方法进行注写。

（5）柱的箍筋。

柱的箍筋的注写内容包括钢筋的牌号、直径和间距。抗震设计时，柱子间距将用斜线"/"分隔表示出柱端加密区的间距和柱身非加密区的间距。例如，本例中 KZ1 的箍筋为"ϕ6@100/200"代表牌号为 HPB300、直径为 6 mm 的箍筋，加密区间距 100 mm，非加密区 200 mm。柱的箍筋形式从图中可以看出，有时施工图也可以单独画出。

三、剪力墙平法施工图

剪力墙由剪力墙柱、剪力墙身和剪力墙连梁 3 部分组成。剪力墙平法施工图用以表达这 3 部分构件的标高、定位、截面尺寸及配筋情况等。其注写方式同柱平法施工图，也有截面注写法和列表注写法两种方式。剪力墙平法施工图的主要内容包括：①图名和比例；②定位轴线及其编号、轴线间距、剪力墙厚度；③剪力墙柱、剪力墙墙身、剪力墙连梁的编号及平面布置；④不同编号的构件标高、截面尺寸、配筋情况等；⑤施工和设计说明以及必要的详图。

1. 列表注写法

列表注写法指分别在剪力墙柱表、剪力墙身表和剪力墙连梁表中，对应剪力墙平面布置图上的编号，用绘制截面配筋图并注写几何尺寸与配筋具体数值的方式，来表达剪力墙平法施工图，如图 10-28 所示。

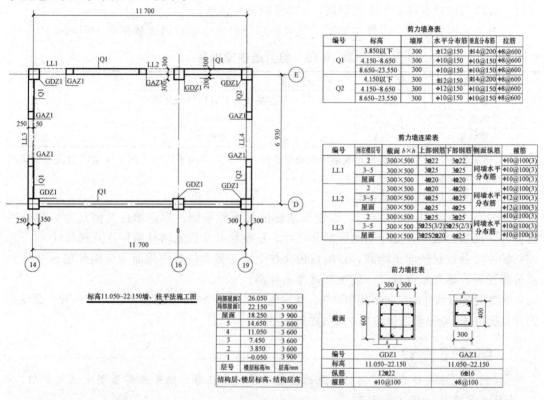

图 10-28　剪力墙平法施工图列表注写法

（1）构件编号。

无论是截面注写法还是列表注写法，两种方式均需对剪力墙构件进行编号，包括对剪力墙柱、剪力墙身、剪力墙连梁 3 类构件分别编号。

根据剪力墙抗震等级和竖向设置位置不同将剪力墙柱分为约束边缘构件和构造边缘构件；根据平面设置位置不同将剪力墙柱分为端柱、暗柱、翼柱、转角柱和扶壁柱等。其中约束边缘构件一般设置在一、二级抗震设计的剪力墙底部加强部位及其上一层的墙肢端部；而构造边缘构件设置在一、二级抗震设计的剪力墙除约束边缘构件外的其他部位，以及三、四级抗震设计和非抗震设计的剪力墙墙肢端部。

①剪力墙柱编号，由其类型、代号和序号两部分组成，表达形式参见表10-9。

表 10-9　剪力墙柱编号

墙柱类型	代　号	序　号	墙柱类型	代　号	序　号
约束边缘暗柱	YAZ	××	构造边缘暗柱	GAZ	××
约束边缘端柱	YDZ	××	构造边缘翼柱	GYZ	××
约束边缘翼柱	YYZ	××	构造边缘转角柱	GJZ	××
约束边缘转角柱	YJZ	××	非边缘暗柱	AZ	××
构造边缘端柱	GDZ	××	扶壁柱	FBZ	××

②剪力墙身编号，由墙身代号、序号以及墙身所配置的水平与竖向分布钢筋的排数组成，其中，排数注写在括号里，表达形式为：Q××（×排）。例如，Q2（3排）代表编号为2的墙内设置3排水平分布钢筋、3排竖向分布钢筋。

③剪力墙连梁编号，由墙梁类型、代号和序号组成，表达形式参见表10-10。

表 10-10　剪力墙连梁编号

墙梁类型	代　号	序　号	墙梁类型	代　号	序　号
连梁	LL	××	连梁（集中对角斜筋配筋）	LL（DX）	××
连梁（对角暗撑配筋）	LL（JC）	××	暗梁	AL	××
连梁（交叉斜筋配筋）	LL（JX）	××	边框梁	BKL	××

注：在具体工程中，当某些墙身需设置暗梁或边框梁时，宜在剪力墙平法施工图中绘制暗梁或边框梁的平面布置图并编号，以明确其具体位置。

（2）剪力墙柱表中表达的内容。

①注写墙柱编号（表10-9），绘制该墙柱的截面配筋图，标注墙柱几何尺寸。约束边缘构件、构造边缘构件需标明阴影部分尺寸，扶壁柱及非边缘暗柱需标注几何尺寸。

②注写各段柱的起止标高，自墙柱根部往上以变截面位置或截面未变但配筋改变处为界分段注写。墙柱根部标高一般指基础顶面标高。

③注写各段墙柱的纵向钢筋和箍筋，注写值应与表中绘制的截面配筋图对应一致。纵向钢筋注总配筋值；墙柱箍筋的注写方式与柱箍筋相同。

> **小贴士**
>
> 约束边缘构件除注写阴影部位的箍筋外，尚应在剪力墙平面布置图中注写非阴影区内布置的拉筋（或箍筋）。

（3）剪力墙身表中表达的内容。

①注写墙身编号（含水平与竖向分布筋的排数）。

②注写各段墙身起止标高。

③注写水平分布筋、竖向分布筋和拉筋的具体数值。

（4）剪力墙连梁表中表达的内容。

①注写墙连梁编号（表10-10）。

②注写墙连梁所在楼层号。

③注写墙连梁顶面标高高差。

④注写墙连梁截面尺寸，上部纵筋、下部纵筋和箍筋的具体数值。

2. 截面注写法

截面注写法指在分标准层绘制的剪力墙平面布置图上，以直接在墙柱、墙身、墙梁上注写截面尺寸和配筋具体数值的方式来表达剪力墙平法施工图。图 10-29 所示即为截面注写法表达剪力墙配筋的例子。

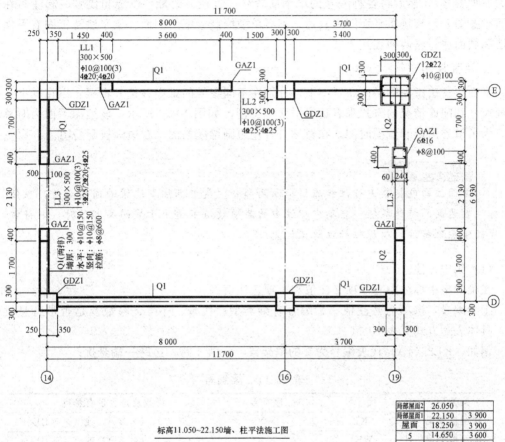

标高11.050~22.150墙、柱平法施工图

局部屋面2	26.050	
局部屋面1	22.150	3 900
屋面	18.250	3 900
5	14.650	3 600
4	11.050	3 600
3	7.450	3 600
2	3.850	3 600
1	-0.050	3 900
层号	楼层标高/m	层高/mm
结构层、楼层标高、结构层高		

图 10-29 剪力墙平法施工图截面注写法

3. 剪力墙洞口表示方法

无论采用列表注写法还是截面注写法，剪力墙上洞口均可在剪力墙平面布置图上表达，洞口的具体表示方法如下。

（1）在剪力墙平面布置图上绘制洞口示意，并标注洞口中心的平面定位尺寸。

（2）在洞口中心位置引注以下内容：①洞口编号，矩形洞口为 JD××，圆形洞口为 YD××，××为序号；②洞口几何尺寸；③洞口中心相对标高；④洞口每边补强钢筋。

例如，JD2 400×300＋3.100 4φ10，表示 2 号矩形洞口，洞宽 400 mm，洞高 300 mm，洞口中心距本结构层楼面 3 100 mm，洞口每边补强钢筋为 4 根牌号为 HPB300、直径为 10 mm 的钢筋。

四、梁平法施工图

梁平法施工图是将梁按照从上到下、从左到右的顺序进行编号（其中相同规格的梁可归为一种编号），然后将各种编号的梁钢筋牌号、直径、数量、位置和代号一起注写在梁平面布置图上，直接在平面图中表达，不再单独绘制梁配筋剖面。梁平法施工图有平面注写法和截面注写法两种表达方式。

1. 平面注写法

平面注写法指在梁平面布置图上，分别在不同编号的梁中各选一根梁，以在其上注写截面尺寸和配筋情况的方式来表达梁平法施工图。如图 10-30 所示，该结构平面为对称布置，为了节省图纸和看图时间，在对称符号左边画梁配筋图，右边画板配筋图。

> **小贴士**
>
> 平面注写包括集中标注和原位标注两部分，集中标注表达梁的通用数值，原位标注表达梁的特殊数值。当集中标注中的某项数值不适用于梁的某部位时，则将该项数值原位标注，以原位标注取值优先。

（1）集中标注。

在梁的集中标注中有 5 项必注值和 1 项选注值。

①梁编号，该项为必注值。梁编号有梁类型、代号、序号、跨数及是否带有悬挑组成，具体表达方式见表 10-11。

例如，KL2（4A）代表编号为 2 的框架梁，一共 4 跨，边跨一端悬挑。

表 10-11　梁编号

梁类型	代号	序号	跨数及是否带有悬挑
楼层框架梁	KL	××	(××)、(××A) 或 (××B)
屋面框架梁	WKL	××	(××)、(××A) 或 (××B)
框支梁	KZL	××	(××)、(××A) 或 (××B)
非框架梁	L	××	(××)、(××A) 或 (××B)
悬挑梁	XL	××	—
井字梁	JZL	××	(××)、(××A) 或 (××B)

注：(××A) 为一端悬挑、(××B) 为两端悬挑，悬挑不计入跨数。

②梁截面尺寸，该项为必注值。当梁为等截面时，截面尺寸用 $b×h$ 来代表梁的宽度和高度；当梁为竖向加腋梁时，用 $b×h\ GYC_1×C_2$ 表示，其中 C_1 表示腋长，C_2 表示腋高；当梁为水平加腋梁时，用 $b×h\ PYC_1×C_2$ 表示，其中 C_1 为腋长，C_2 为腋高；当有悬挑梁且根部和端部高度不同时，用斜线分隔根部与端部的高度值，即表示为 $b×h_1/h_2$。

③梁箍筋，包括钢筋牌号、直径、加密区与非加密区间距及肢数，该项为必注值。箍筋加密区与非加密区的不同间距及肢数需用"/"分隔，加密区范围见相应抗震等级的标准构造详图。例如，φ10@100/200（2）代表箍筋选用牌号为 HPB300、直径为 10 mm，

加密区间距为 100 mm，非加密区间距为 200 mm，均为两肢箍。

④梁上部通长筋或架立筋配置，此项为必注值。当同排纵筋中既有通长筋又有架立筋时，应用"＋"将角部通长筋写在前面，架立筋写在后面的括号内。例如，2Φ22＋(2Φ12) 表示梁的上部通长筋为 2 根牌号为 HRB400 的钢筋、直径为 22 mm，架立钢筋为 2 根牌号为 HPB300 的钢筋、直径为 12 mm。

⑤梁侧面纵向构造钢筋或受扭钢筋配置，该项为必注值。当梁的腹板高度 $h_w \geqslant$ 450 mm时，需配置纵向构造钢筋。此项注写值以大写字母 G 开头，后面注写梁两个侧面的总配筋值。例如，G4Φ12 代表梁两侧共配置 4 根直径为 12 mm 的钢筋，牌号为 HPB300，每侧各两根。当梁侧需配置受扭钢筋时，此项注写值以大写字母 N 开头，其余与构造钢筋相同。当梁内已配置受扭钢筋时，不再设置构造钢筋。

⑥梁顶面标高高差，该项为选注值。梁顶面标高高差指梁顶相对于结构层楼面标高的高差值，有高差时，需将其写入括号内，无高差时不注。当梁顶标高高于楼面标高时，此高差记为正，反之为负。

（2）原位标注。

梁原位标注的内容有以下 4 项。

①梁支座上部纵筋，该部位含通长筋在内的所有纵筋。当梁上部纵筋多于一排时，用"/"将各排纵筋自上而下分开；当同排纵筋有两种直径时，用"＋"将两种直径的纵筋相连，注写时角部纵筋在前面；当梁中间支座两边的上部纵筋不同时，须在支座两边分别标注，相同时则仅在支座一边标注即可。

②梁下部钢筋。当梁下部纵筋多于一排时，用"/"将各排纵筋自上而下分开；当同排纵筋有两种直径时，用"＋"将两种直径的纵筋相连，注写时角部纵筋在前面。

③当在梁上集中标注的内容中的任一项不适用于某跨或某悬挑部分时，则将不同数值原位标注在该跨或该悬挑部位。

④附加箍筋或吊筋。直接画在平面图中，用线引注总配筋值。

2. 截面注写法

截面注写法是指在分标准层绘制的梁平面布置图上，分别在不同编号的梁中各选一根梁用剖面号引出配筋图，并在其上注写截面尺寸和具体配筋情况的方式来表达梁平法施工图。例如，图 10-30 中 KL1 的 1－1 剖面配筋图，KL8 的 2－2、3－3 剖面配筋图就是采用截面注写法表达梁的截面及配筋情况。

> **小贴士**
>
> 截面注写法要求对所有梁进行编号（编号方法与平面注写法相同，见表 10-11），从相同编号的梁中选择一根梁，先将"单边截面号"画在该梁上，再将截面配筋详图画在本图或其他图纸中。
>
> 截面注写法既可以单独使用，也可与平面注写法结合使用。

五、板平面施工图

楼板按照施工方法分为现浇板和预制板。板的施工图也可采用平法表示方法，但目前绝大多数仍采用传统表达方法。

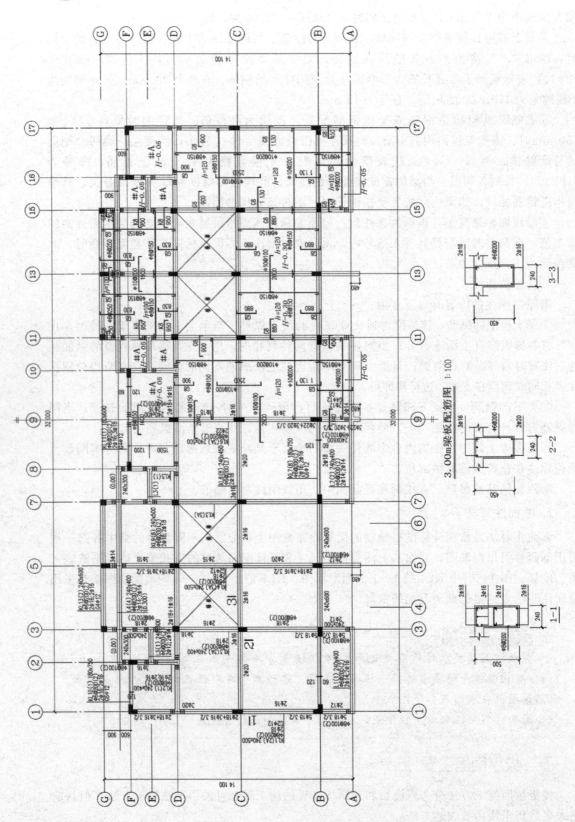

图 10-30 梁平法施工图平面注写法

通过图 10-30 右半部分的梁板配筋图可以总结出现浇板施工图的主要内容包括：①图名和比例；②定位轴线及其编号、间距和尺寸；③现浇板的厚度、标高及钢筋配置情况；④设计说明和必要的详图。

以图 10-30 中⑮～⑰轴与Ⓑ～Ⓒ轴之间的这块板做例子，来说明板平面施工图所表达的配筋情况。

首先可以看到板内钢筋呈双层双向布置，板中间有文字表达"$h=120$"，这代表这块板的厚度为 120 mm，板内钢筋牌号均为 HPB300。板底筋直径均为 10 mm，间距 200 mm 布置一道，长度同板长和板宽；板面筋沿Ⓒ轴水平布置，长度为 2 500 mm，这排钢筋以Ⓒ轴上梁为支座，两边各伸入一段长度；沿⑮轴水平布置的 G8 筋，结合结构设计说明找到楼屋面部分，可知 G8 代表此处配置钢筋为 Φ8@200，钢筋长度为 1 130 mm，此处钢筋之所以不伸入相邻板块是因为相邻板块降板 0.30；沿Ⓑ轴水平布置的 Φ8@200 钢筋长度为 1 130 mm，不深入相邻板块是因为相邻板块板厚为 100 mm，与此板块不平；⑰轴上的板面筋Φ8@200长度为 1 130 mm。

第五节　结构详图

结构详图主要是配合结构平面布置图来表示各承重构件的形状、大小、材料、构造和连接情况。钢筋混凝土构件有定型构件和非定型构件。定型构件不论预制或现浇的都可套用通用标准图集，只要注明图名名称、代号、规格等，不必重新绘图；非定型构件则必须画出结构详图。钢筋混凝土结构详图内容较多，常见的是梁、板、柱节点详图和楼梯结构详图等。

一、节点详图

结构节点详图，用来反映节点处构件代号、连接材料、连接方法以及施工安装等，更重要的是表达清楚节点处配置的受力钢筋或构造钢筋的规格、型号、性能和数量。

图 10-31 所示是一个外墙节点详图，节点 1 在Ⓓ轴上位于⑦轴和⑧轴之间，节点做法见详图。从图中可以看到此节点与楼板标高相同，均为 4.450 m，为结构楼板挑出部分，可认为是一块悬挑板，挑出部分长度为 360 mm、板厚 200 mm。板顶纵向钢筋为楼板负筋，水平向钢筋为 2 根 Φ10；板底纵向钢筋为 Φ8@200，水平向布置 2 根 Φ10 钢筋。

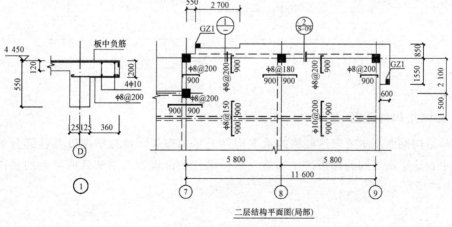

图 10-31　外墙节点详图

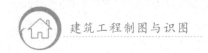

二、楼梯结构详图

楼梯结构详图主要包括楼梯结构平面图、楼梯结构剖面图和楼梯配筋图 3 部分。

1. 楼梯结构平面图

楼梯结构平面图是假想用一水平剖切平面在每一层的楼梯梁顶面处剖切楼梯，向下作水平投影绘制而成。楼梯结构平面图中的轴线编号应与建筑施工图一致。

> **小贴士** ▶
>
> 楼梯结构平面图需要用较大比例绘制，一般为 1∶50。底层和顶层楼梯必须画出结构布置图，中间楼梯结构布置相同的楼层只画一个结构布置图即可，如果每层的楼梯结构布置不同，则需画出所有楼层的楼梯结构平面布置图。

图 10-32 所示是二层楼梯平面图，从中可以看出，楼梯结构平面图与楼层结构平面图一样，表示楼梯板和楼梯梁的平面布置、代号、编号、尺寸及结构标高等。楼梯位于ⓒ轴到ⓓ轴之间，从 1.160 m 标高处平台梁顶对楼梯间进行剖切，看到的梯板有 TB3 和 TB2，其中 TB3 为本层梯板，TB2 为下一层梯板。

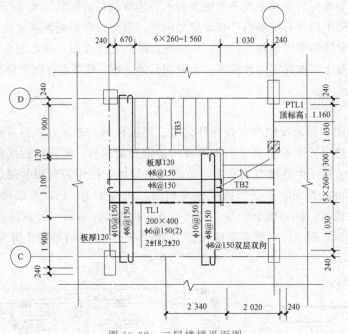

图 10-32　二层楼梯平面图

2. 楼梯结构剖面图

楼梯结构剖面图主要表达楼梯的承重构件的竖向布置、连接情况以及各部分的标高。剖面图中表达了剖切到的梯板、楼梯梁、平台梁、平台板和未剖切到的可见的梯段板等，如图 10-33 所示。

3. 楼梯配筋图

在楼梯结构剖面图中不能详细表达梯板、楼梯梁、梯柱等的配筋时，应用较大的比例（一般为1：20、1：30）绘制出配筋图，图示方法及内容与构件的配筋图一致。

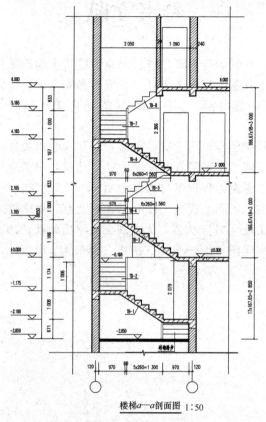

楼梯a—a剖面图 1：50

图 10-33 楼梯结构剖面图

参考文献

[1] 赵建军. 建筑工程制图与识图 [M]. 北京：清华大学出版社，2020.

[2] 张义坤. 建筑工程制图与识图 [M]. 西安：西安电子科技大学出版社，2020.

[3] 李利斌，陈宇，彭海燕. 建筑工程制图与识图 [M]. 北京：北京大学出版社，2020.

[4] 王毅. 建筑工程制图与识图 [M]. 北京：清华大学出版社，2020.

[5] 吕春雨. 道路工程施工项目管理技术 [M]. 北京：中国水利水电出版社，2016.

[6] 王蓉玲，周黎. 道路工程识图与AutoCAD [M]. 北京：北京大学出版社，2016.

[7] 王天成，张志伟. 道路工程施工技术 [M]. 北京：中国铁道出版社，2015.

[8] 潘宝峰. 道路工程 [M]. 大连：大连理工大学出版社，2015.

[9] 沈磊. 公路工程识图与绘图 [M]. 济南：山东大学出版社，2015.